建筑工人职业技能培训教材

安装工程系列

通 风 工

《建筑工人职业技能培训教材》编委会 编

中国建材工业出版社

图书在版编目(CIP)数据

通风工 /《建筑工人职业技能培训教材》编委会编
. —— 北京 ：中国建材工业出版社，2016.8
建筑工人职业技能培训教材
ISBN 978-7-5160-1543-8

Ⅰ. ①通… Ⅱ. ①建… Ⅲ. ①通风工程—技术培训—教材 Ⅳ. ①TU834

中国版本图书馆 CIP 数据核字(2016)第 145042 号

通风工

《建筑工人职业技能培训教材》编委会 编

出版发行：中国建材工业出版社

地　　址：北京市海淀区三里河路 1 号

邮　　编：100044

经　　销：全国各地新华书店

印　　刷：北京雁林吉兆印刷有限公司

开　　本：850mm×1168mm 1/32

印　　张：6.5

字　　数：140 千字

版　　次：2016 年 8 月第 1 版

印　　次：2016 年 8 月第 1 次

定　　价：24.00 元

本社网址：www.jccbs.com　**微信公众号：**zgjcgycbs

本书如出现印装质量问题，由我社市场营销部负责调换。电话：(010)88386906

《建筑工人职业技能培训教材》

编 审 委 员 会

前 言

《中华人民共和国就业促进法》、国务院《关于加快发展现代职业教育的决定》[国发(2014)19 号]、住房和城乡建设部《关于印发建筑业农民工技能培训示范工程实施意见的通知》[建人(2008)109 号]、住房和城乡建设部《关于加强建筑工人职业培训工作的指导意见》[建人(2015)43 号]、住房和城乡建设部办公厅《关于建筑工人职业培训合格证有关事项的通知》[建办人(2015)34 号]等相关文件，对全面提高工人职业操作技能水平，以保证工程质量和安全生产做出了明确的要求。

根据住房和城乡建设部就加强建筑工人职业培训工作，做出的"到2020 年，实现全行业建筑工人全员培训、持证上岗"具体规定，为更好地贯彻落实国家及行业主管部门相关文件精神和要求，全面做好建筑工人职业技能教育培训，由中国工程建设标准化协会建筑施工专业委员会、黑龙江省建设教育协会、新疆建设教育协会会同相关施工企业、培训单位等，组织了由建设行业专家学者、培训讲师、一线工程技术人员及具有丰富施工操作经验的工人和技师等组成的编审委员会，编写这套《建筑工人职业技能培训教材》。

本套丛书主要依据住房和城乡建设部、人力资源和社会保障部发布的《职业技能岗位鉴定规范》《中华人民共和国职业分类大典(2015 年版)》《建筑工程施工职业技能标准》《建筑装饰装修职业技能标准》《建筑工程安装职业技能标准》等标准要求，以实现全面提高建设领域职工队伍整体素质，加快培养具有熟练操作技能的技术工人，尤其是加快提高建筑业农民工职业技能水平，保证建筑工程质量和安全，促进广大农民工就业为目标，重点抓住建筑工人现场施工操作技能和安全为核心进行编制，"量身订制"打造了一套适合不同文化层次的技术工人和读者需要的技能培训教材。

本套教材系统、全面地介绍了各工种相关专业基础知识、操作技能、安全知识等，同时涵盖了先进、成熟、实用的建筑工程施工技术，还包括了现代新材料、新技术、新工艺和环境、职业健康安全、节能环保等方面的知识，力求做到了技术内容最新、最实用，文字通俗易懂，语言生动简洁，辅以大量直观的图表，非常适合不同层次水平、不同年龄的建筑工人职业技能培训和实际施工操作应用。

丛书共包括了“建筑工程”、“装饰装修工程”、“安装工程”3大系列以及《建筑工人现场施工安全读本》，共25个分册：

一、“建筑工程”系列，包括8个分册，分别是：《砌筑工》《钢筋工》《架子工》《混凝土工》《模板工》《防水工》《木工》和《测量放线工》。

二、“装饰装修工程”系列，包括8个分册，分别是：《抹灰工》《油漆工》《镶贴工》《涂裱工》《装饰装修木工》《幕墙安装工》《幕墙制作工》和《金属工》。

三、“安装工程”系列，包括8个分册，分别是：《通风工》《安装起重工》《安装钳工》《电气设备安装调试工》《管道工》《建筑电工》《中小型建筑机械操作工》和《电焊工》。

本书根据“通风工”工种职业操作技能，结合在建筑工程中的实际应用，针对建筑工程施工材料、机具、施工工艺、质量要求、安全操作技术等做了具体、详细的阐述。本书内容包括通风与空调系统的分类，通风与空调系统的工作内容，风管材料，消声材料，管道保温材料，通风工程机具设备，风管展开放样，通风管道及部件加工制作，风管系统安装，通风与空调设备安装，空调制冷系统及水系统安装，通风空调系统调试，通风工岗位安全常识，相关法律法规及务工常识。

本书对于加强建筑工人培训工作，全面提升建筑工人操作技能水平具有很好的应用价值，不仅极大地提高工人操作技能水平和职业安全水平，更对保证建筑工程施工质量，促进建筑安装工程施工新技术、新工艺、新材料的推广与应用都有很好的推动作用。

由于时间限制，以及编者水平有限，本书难免有疏漏之处，欢迎广大读者批评指正，以便本丛书再版时修订。

编　者

2016年8月　北京

中国建材工业出版社
China Building Materials Press

目录 CONTENTS

第 1 部分　通风工岗位基础知识

一、通风与空调系统的分类

1. 通风系统

通风系统按其作用范围可分为全面通风、局部通风、混合通风等形式，也可按其工艺要求分为送风系统、排风系统、除尘系统等。

送风系统是用来向室内输送新鲜的或经过处理的空气。其工作流程为：室外空气由可挡住室外杂物的百叶窗进入进气室；经保温阀至过滤器，由过滤器除掉空气中的灰尘；再经空气加热器将空气加热到所需的温度后被吸入通风机，经风量调节阀、风管，由送风口送入室内。

排风系统是将室内产生的污浊、高温干燥空气排到室外大气中。其主要工作流程为：污浊空气由室内的排气罩被吸入风管后，再经通风机排到室外的风帽而进入大气。

如果预排放的污浊空气中有害物质的排放标准超过国家制定的排放标准时，则必须经中和及吸收处理，使排放浓度低于排放标准后，再排到大气中。

除尘系统通常用于生产车间，其主要作用是将车间内含大量工业粉尘和微粒的空气进行收集处理，有效降低工业粉尘和微粒的含量，以达到排放标准。其工作流程主要是通过车间内的吸尘罩将含尘空气吸入，经风管进入除尘器除尘，随后通过风机送至室外风帽而排入大气。

2. 空气调节系统

空气调节系统是为保证室内空气的温度、湿度、风速及洁净度保持在一定范围内，并且不因室外气候条件和室内各种条件的变化而受影响。

空气调节系统根据不同的使用要求，可分为恒温恒湿空调系统、舒适性空调系统和除湿性空调系统。空调系统根据空气处理设备设置的集中程度可分为集中式空调系统、局部式空调系统、混合式空调系统三类。

集中式空调系统是将处理空气的空调器集中安装在专用的机房内，空气加热、冷却、加湿和除湿用的冷源和热源，由专用的冷冻站和锅炉房供给，多适用于大型空调系统。

局部式空调系统是将处理空气的冷源、空气加热加湿设备、风机和自动控制设备均组装在一个箱体内，可就近安装在空调房间，就地对空气进行处理，多用于空调房间布局分散和小面积的空调工程。

混合式空调系统有诱导式空调系统和风机盘管空调系统两类，均由集中式和局部式空调系统组成。诱导式空调系统多用于建筑空间不大且装饰要求较高的旧建筑、地下建筑、舰船、客机等场所。风机盘管空调系统多用于新建的高层建筑和需要增设空调的小面积、多房间的旧建筑等。

3. 净化空调系统

空气净化技术是发展现代工业不可缺少的辅助性综合技术。净化空调系统根据洁净房间含尘浓度和生产工艺要求，按洁净室的气流流型可分为非单向流洁净室、单向流洁净室两类。

非单向流洁净室的气流流型不规则，工作区气流不均匀，并有涡流，适用于1000级（每升空气中≥0.5μm粒径的尘粒数平均值不超过35粒）以下的空气净化系统。

单向流洁净室根据气流流动方向又可分为垂直向下和水平平行两种，适用于100级（每升空气中≥0.5μm粒径数平均值不超过3.5粒）以下的空气净化系统。

二、通风与空调系统的工作内容

1. 空气处理

通风工程中不管是哪种类别的系统，对室内输入的空气或由室内排出的空气，一般都需要经过不同程度的处理，按工艺的需要可对空气进行净化、加热、冷却、加湿、减湿、除尘及空气中有毒有害物质中和处理等。

（1）空气的加热和冷却。

在通风系统中，当室外气温较低时，就需要对送入室内的空气进行加热。在空调系统中，为保证空调房间的温度、湿度在给定范围内变化，不仅在冬季应对送入房间内的空气进行加热，即使在夏季有时也需少许加热。加热方法很多，一般可用蒸汽和热水作热媒的空气加热器加热，也可用电加热器进行加热。

在夏季由于室外空气温度较高，对于空调系统，为保证空调房间温度、湿度达到给定的范围，空气在送入室内以前必须冷却。空气可通过和空气加热器相似的表面冷却器进行冷却。用冷冻水作冷媒的表面冷却器，叫水冷式表面冷却器。用制冷剂（如氟利昂）作冷媒的，叫做直接蒸发式表面冷却器。

冷却空气还可以用冷冻水在喷雾器中喷成水雾，当热空气通过时和冷冻水接触进行热湿交换，使空气温度降低。

(2)空气的加湿和减湿。

空调系统在冬季工况运行时，室外空气温度低、含湿量小，只将空气加热送入空调房间，其相对湿度很低，满足不了生产工艺或卫生条件的要求，就得对空气进行加湿。而在夏季工况则室外空气温度高、含湿量大，只对空气进行冷却，相对湿度太高，同样满足不了生产工艺和卫生条件的要求，空气需要进行减湿处理。

(3)空气的净化。

在通风和空气调节系统中，为了保证室内空气的洁净，以满足空调房间或生产工艺要求，送入室内的新风或回风按房间的要求进行适当的净化，这种净化空气的设备叫做空气过滤器。空气过滤器按其过滤的效率可分为粗效过滤器、中效过滤器、高中效过滤器、亚高效过滤器和高效过滤器，以除掉空气介质中悬浮的尘埃微粒，不同的过滤效率的过滤器有不同的用途。对于一般空气调节系统仅用粗效过滤器，而空气洁净系统除粗效过滤器外，还要根据洁净度的要求采用中效和高效过滤器。

(4)空气的除尘。

在除尘系统中，除尘是用于排除生产设备产生的灰尘，使生产场所或室外环境的灰尘浓度值保持在允许的范围内。它将含有大量灰尘的空气排除前，先对空气进行一定的净化处理，再排入大气，以免污染周围空气，影响环境卫生，危害附近居民的健康，有时还将回收的废料加以综合利用，这种能够除尘的设备叫做除尘器。

常用的除尘器有旋风除尘器、袋式除尘器、旋筒式水膜除尘器和水浴除尘器等。

2. 空气输导

(1)通风机。

通风机是通风、空调系统的重要组成部分。无论是通风、除尘系统，还是空调、空气净化系统，都是用它来输送空气和其他气体，对系统的运行效果有着很大的影响。根据风机的构造原理，通风工程中常用的有轴流式风机和离心式风机。

①轴流式风机。

a. 轴流式风机构造。图1-1所示的轴流式风机由带叶片的轴套，圆筒形的外壳、支架、电动机组成。

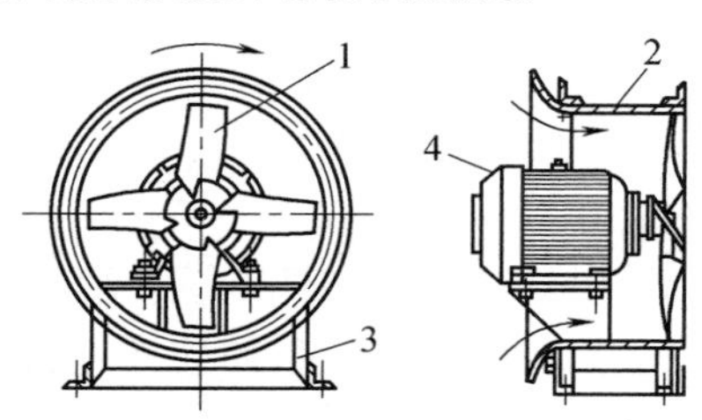

图1-1　轴流式风机

1—轴套；2—外壳；3—支架；4—电动机

b. 轴流通风机的工作原理。当叶轮由电动机带动旋转时，因叶片与螺旋桨相似，对空气产生一种推升力，空气沿着轴向流入圆筒形的外壳，并在与轴的平行方向排出，促使空气流动。

②离心式风机。

a. 离心式风机构造。图1-2所示的离心式风机主要由叶轮、螺壳、轴承座组成。

b. 离心式风机工作原理。当叶轮由电动机带动旋转时，叶轮内的空气因离心力作用从叶轮外周送出，再经断面逐渐增大的螺壳，从螺壳的方形出风口排出。当叶轮内空气被压出时，叶

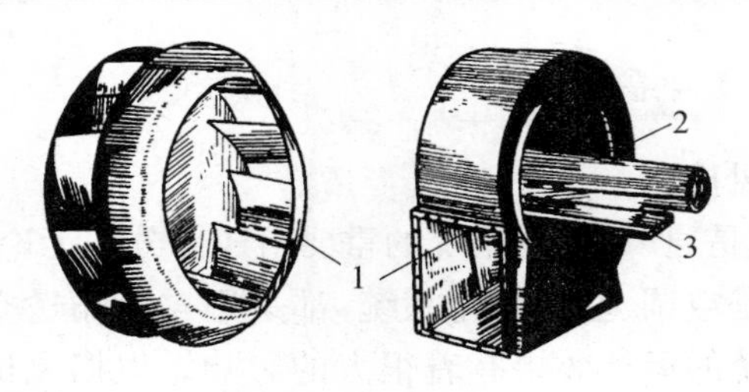

图 1-2 离心式风机

1—叶轮;2—螺壳;3—轴承座

轮内部空间形成真空,此时通风机圆形吸气口外的空气处于大气压下,压力高于通风机吸入压力,外部空气即进入叶轮内,以补充叶轮内被压出的空气。叶轮不断旋转,空气就不断被吸入和压出,形成通风机连续不断地工作。

(2)通风管网。

①通风管网的组成。通风、空调系统在通风机的作用下,通过通风管网对空气进行处理和输送,使处理过的空气送至通风、空调房间(或从房间排出),从而达到通风、空调的目的。通风管网是由空气处理设备、风管、管件和部件等组成。

②管网的压力损失。当空气流过空气处理设备、风管、管件及各种部件时,都需要克服沿途上所遇到的各种阻力和一定送风速度所需消耗的能量,这些系统称为管网的压力损失。管网的阻力基本上可分为摩擦阻力和局部阻力。

a. 摩擦阻力。空气在管道内流动时,由于输送的空气和风道内壁之间以及空气分子和空气分子之间相互摩擦所造成的能量损失,叫做摩擦阻力,或叫做摩擦损失。

b. 局部阻力。空气在管道内流动,不但有摩擦阻力造成的能量损失,而且流经局部构件发生流动参数变化时也会有能量损失。

3. 空调制冷

在空气调节系统中制冷装置是对空气进行冷却、除湿所必备的设备。空调制冷技术属于普通制冷范围，主要采用液体气化制冷，其中包括蒸汽压缩式制冷、吸收式制冷及蒸汽喷射式制冷。经常采用的是蒸汽压缩式制冷。

(1)压缩式制冷工作原理。

①压缩制冷的工作过程。

a. 低压液体制冷剂在蒸发器内的汽化过程，是从低温物体(冷冻水的回水或周围空气)中夺取热量的过程，在压力不变条件下制冷剂的状态由液体变为气体。

b. 吸取了热量的低压制冷剂气体被压缩机吸入，在压缩的过程中，制冷剂的压力和温度升高，为实现制冷循环所必需的消耗外界能量(如电能)的补偿过程。

c. 高压高温的制冷剂气体在冷凝器内冷凝过程，它将从低温物体中夺取的热量，连同压缩机所消耗的功转化成的热量一起，全部地由冷却水(或空气)带走，而本身在定压下由气体重新凝结成液体。

d. 高压的液体制冷剂经膨胀阀节流后，其压力和温度都要降低，节流过程是为制冷剂液体在蒸发器内汽化创造条件。

②制冷剂和冷媒。

a. 制冷剂。空调制冷装置广泛采用的制冷剂有氨和氟利昂。

b. 冷媒。冷媒是将制冷装置中产生的冷量传递给被冷却物体的物质。在空调中的冷媒是空气和冷冻水。如果要制取0℃以下的冷量时，一般用盐水作为冷媒。

(2)溴化锂吸收式制冷工作原理。

溴化锂吸收式制冷装置，采用溴化锂水溶液作为工质，其中以水为制冷剂，溴化锂溶液为吸收剂，能制取0℃以上的冷冻水，供空调系统的冷却需要。

溴化锂吸收式制冷装置是利用溴化锂水溶液在常温下(特别是在温度较低时)吸收水蒸气的能力很强，而在高温下又能将所吸收的水分释放出来的特性，以及利用制冷剂(水)在低压下汽化时要吸收周围介质的热量的特性来实现制冷的目的。

(3)冷却水系统。

冷凝器冷却水系统，根据工程特点和自然条件，可分为直流式冷却水系统、混合式冷却水系统及循环冷却水系统等三种形式。

①直流式冷却水系统是直流供水系统，将自来水或井水、河水直接打入冷凝器，温升后的冷却水直接排出，不再重复使用。

②混合式冷却水系统，是将通过冷凝器的一部分冷却水，与深井水混合，再用水泵压送至冷凝器使用。

③循环式冷却水系统，是将来自冷凝器的升温冷却水先送入蒸发式冷却装置，使其冷却降温，再用水泵送至冷凝器循环使用，只需要补充少量上水。

(4)冷冻水系统。

根据空调系统的空气处理过程，制冷系统向空调系统供应冷量有两种方式，即直接供冷和间接供冷。

①直接供冷是将空调器中的表面冷却器作为制冷装置的蒸发器，使低压液态制冷剂直接吸收空调器中被处理的空气热量。

②间接供冷是用制冷装置的蒸发器吸收空调器中表面冷却器或喷淋循环水的热量，所用的循环水称为冷冻水，水温由设计要求而定，一般为5～10℃。

三、风管材料

1. 金属板材

(1)薄钢板。

薄钢板是制作通风管道和部件的主要材料，一般常用的有普通薄钢板和镀锌钢板。其规格是以短边、长边和厚度来表示，常用的薄板厚度为0.5～4mm，规格为900mm×1800mm和1000mm×2000mm。

制作风管及风管配件用的薄钢板要求表面平整、光滑，厚度均匀，没有裂纹和结疤，应妥善保管，防止生锈。

①普通薄钢板。普通薄钢板有板材和卷材两种。这类钢板属乙类钢，是钢号为Q235B的冷、热轧钢板，它有较好的加工性能和较高的机械强度，价格便宜。

②镀锌钢板。镀锌钢板厚度一般为0.5～1.5mm，长宽尺寸与普通薄钢板相同。镀锌钢板表面有保护层，可防腐蚀，一般不需刷漆。对该类钢板的要求是表面光滑干净，镀锌层厚度应不小于0.02mm。多用于防酸、防潮湿的风管系统，效果比较好。

(2)不锈钢板。

①有较高的塑性、韧性和机械强度，耐腐蚀，是一种不锈合金钢，常用在化工工业耐腐蚀的风管系统中。

②不锈钢中的主要元素是铬，化学稳定性高。在表面形成钝化膜，保护钢板不氧化，并增加其耐腐蚀能力。

③不锈钢在冷加工时易弯曲，锤击时会引起内应力，出现不均匀变形。这样，韧性降低，强度加大，变得脆硬。

④不锈钢加热到450～850℃，再缓慢冷却后，钢质变坏、硬

化，出现裂纹。

(3)铝板。

①铝板有纯铝板和合金铝板，主要用在化工工业通风工程中。

②铝板色泽美观，密度小，有良好的塑性，耐酸性较强，但易被盐酸和碱类腐蚀，有较好的抗化学腐蚀的性能。

③合金铝板机械强度较高，抗腐蚀能力较差。通风工程用铝板多数为纯铝板和经退火处理过的合金铝板。

④由于铝板质软，碰撞不出现火花，因此，多用于有防爆要求的通风管道。

(4)塑料复合钢板。

在普通钢板上面黏贴或喷涂一层塑料薄膜，就成为塑料复合钢板。其特点是耐腐蚀，弯折、咬口、钻孔等加工性能也好。塑料复合钢板常用于空气洁净系统及温度在－10～70℃范围内的通风与空调系统。

塑料复合钢板规格有：450mm×1800mm、500mm×2000mm，厚度0.35～0.7mm；1000mm×2000mm，厚度0.8～2.0mm等。

2. 非金属板材

(1)聚氯乙烯塑料板。

①耐腐蚀性好，一般情况下与酸、碱和盐类均不产生化学反应。但在浓硝酸、发烟硫酸和芳香碳氢化合物的作用下，表现出不稳定性。

②强度较高，弹性较好，热稳定性较差。高温时强度下降，低温时变脆易裂。当加热到100～150℃时，呈柔软状态；190～200℃时，在较小的压力下，能使其相互黏合在一起。

③由于板材纵向和横向性能不同，内部存在残余应力，在制作风管和部件时，要进行加热和冷却，使其产生收缩，一般纵向、横向收缩率分别为3%～4%和1.5%～2%。

④聚氯乙烯塑料板的密度为1350～1450kg/m^3。在通风与空调工程中，这种板材多用于输送含酸、碱、盐等腐蚀性气体的管道和部件，也使用在洁净空调系统中。

⑤对塑料板的要求，表面要平整、厚薄均匀，无气泡、裂缝和离层等缺陷。

(2)玻璃钢板。

①在通风工程中，常用的玻璃钢风管不是由玻璃钢板加工制作而成的，而是用木板或薄钢板作模具手工制作而成的。

②操作时，先在模具的外表面包上一层透明的玻璃纸，并在其外满涂已调好的树脂，再敷上一层玻璃布，每涂一层树脂便敷一层玻璃布，布的搭头要错开，并要刮平，最外面一层玻璃布的表面还应涂以薄层树脂。

③风管与法兰是成一体的，法兰应提前做好，在涂敷树脂过程中放入和风管一同黏贴。整节风管经过一段时间的固化达到一定强度后方可脱模。

④制作玻璃钢风管和管件所用的合成树脂，应按设计要求的耐酸、耐碱、自熄性能来选用。合成树脂中填料的含量，应符合技术文件中的要求。

⑤玻璃布的含量与规格应符合设计要求，玻璃布应保持干燥、清洁，不得含蜡。玻璃布的铺置、接缝应错开，无重叠现象，玻璃钢的壁厚应符合表1-1的规定。

⑥保温玻璃钢风管可将管壁制成夹层，夹层材料可采用岩棉、聚苯乙烯、聚氨酯泡沫塑料、蜂窝纸等保温材料，夹层厚度和材质应按工程需要选定。

表 1-1　玻璃钢风管的壁厚　(单位:mm)

圆形风管直径或矩形风管大边长	壁厚
≤200	1.0～1.5
250～400	1.5～2.0
500～630	2.0～2.5
800～1000	2.5～3.0
1250～2000	3.0～3.5

⑦玻璃钢风管及配件,内表面应平整光滑,外表面应整齐美观,厚度均匀,边缘无毛刺,不得有气泡、分层现象,树脂固化度应达到 90%以上。

⑧法兰与风管或配件应成一体,并与风管垂直,法兰平面的不平度允许偏差不应大于 2mm。

四、消声材料

1. 消声器的种类

消声器的种类繁多,根据不同的消声原理,有各种不同的结构形式,常用的有:阻性消声器、抗性消声器、共振性消声器和宽频带复合式消声器。

(1)阻性消声器。

阻性消声器是利用吸声材料消耗声能降低噪声的,它对中高频噪声具有较好的消声效果,在这种消声器的管道内壁固定着多孔消声材料。由于消声材料的多孔性和松散性,当声波进入孔隙时,引起孔隙中的空气和材料产生微小振动,由于摩擦和黏滞阻力,使相当一部分声能转化为热能而被吸收掉。

(2)抗性消声器。

抗性消声器对低频噪声的消声效果较好,它主要是利用截面的突变。当声波通过突然变化的截面时，由于截面膨胀或缩小，部分声波发生反射，声能在腔室内来回反射，以至衰减。

(3)共振性消声器。

共振性消声器是利用一定空间内的空气和其他物体组成一个共振系统，当外来声波的某种频率与共振系统的固有频率相同时，引起气体的运动，发生共振，使声能转化为热能而消耗掉，共振性消声器可用于消除噪声的低频部分。共振性消声器有薄板共振吸声、单个孔腔共振吸声和穿孔板共振吸声三种结构形式。

(4)宽频带复合式消声器。

宽频带复合式消声器又叫阻抗复合式消声器，它吸收了阻性消声器和抗性消声器的优点，利用吸声片和管道截面的突变来达到降低噪声的目的，对低、中、高频噪声都有很好的消声效果。

2. 主要消声材料

通风空调工程中的主要消声材料有玻璃棉、矿渣棉、玻璃纤维板、聚氨酯泡沫塑料等。

消声材料的性能不仅与材料品种有关，还与材料的体积密度、厚度等有关。消声材料应具有防火、防腐、防潮、耐用和方便施工等性能。

(1)玻璃棉。

玻璃棉具有密度小，吸声、抗震性能好，富有弹性，不燃、不霉、不蛀、不腐蚀等优点。用它作为消声器填充料，不会因振动而产生收缩、沉积，以致上部脱空等影响吸声性能的现象。它的产品中以无碱超细玻璃棉性能最佳，纤维直径小于4mm，质软，对人体无刺激，其密度小于1.5kg/m^3，吸湿率为0.2%，所以是最理想的吸声填充材料。

(2)矿棉。

矿棉是以矿渣或岩石为主要原料制成的一种棉状短纤维。以矿渣为主要原料的称为矿渣棉，以岩石为主要原料的称为岩棉，矿棉是两者的通称。矿棉具有质轻、不燃、不腐、吸声性能优良等优点，其缺点是整体性差、易沉积、对人体皮肤有刺激性。

(3)玻璃纤维板。

玻璃纤维板吸声性能比超细玻璃棉差一些，但防潮性能好，因施工操作时有刺手感，故一般不常采用。

(4)聚氨酯泡沫塑料。

聚氨酯泡沫塑料是以聚醚树脂与多亚甲基多苯基多异氰酸酯为反应的主要原料，再加入胶联剂、催化剂、表面活性剂和发泡剂等经过发泡反应而制得的新型合成材料，按其软硬程度分为软质和硬质两种。硬质聚氨酯泡沫是开孔结构，富有弹性，是较理想的过滤、防振、吸声材料。在通风空调工程中被采用时，应具备自熄性(所谓自熄性即加有阻燃剂，使其离开火源后 1～2s 内能自行熄灭)。

五、管道保温材料

1. 常用管道保温材料及性能

在通风空调系统中，为了控制一定的温度，减少系统中冷、热能量的损失，必须采取相应的技术措施。

(1) 保温材料基本要求。传热系数小，一般不大于 0.14W/(m^2 · K)，最大不超过 0.23W/(m^2 · K)；密度一般小于 450kg/m^3；有一定机械强度，一般能承受 0.2～0.3MPa 的压力；吸湿率低、抗水蒸气渗透性强、耐热、不燃、无毒、无臭味、不腐蚀金属、能避免鼠咬虫蛀、不易霉烂、化学稳定性好、经久耐用、施工方便、价格低廉、易于成型。

(2)常用保温材料以及性能。见表1-2。

表1-2　常用保温材料性能表

材料名称	密度(kg/m^3)	传热系数[$W/(m^2 \cdot K)$]	规格(mm)
矿渣棉	120～150	0.044～0.052	散装
沥青矿渣棉毡	120	0.041～0.047	100×750×(30～50)
沥青玻璃棉毡	60～90	0.035～0.047	5000×900×(25～50)
岩棉板	80～200	0.035～0.041	1000×910×(30～120)
沥青蛭石板	350～380	0.081～0.105	500×250×(50～100)
软木板	250	0.06	1000×500×(25～65)
防火聚苯乙烯塑料	25～30	0.035	500×500×(30～50)
硬质聚氨酯泡沫塑料	18～65	0.026～0.055	可制成多种规格
软质聚氨酯泡沫塑料	30～60	0.035～0.047	(2000～6000)×(860～1200)×(3～400)
甘蔗板	180～230	0.07	—
玻璃纤维板	90～120	0.03～0.04	—
水玻璃膨胀珍珠岩板	200～300	0.048～0.06	—
水泥膨胀珍珠岩板	250～350	0.06～0.07	—
玻璃纤维缝毡	80～110	0.04	—
牛毛毡	150	0.035～0.058	—

2. 管道保温结构中其他材料

在保温结构中还经常用到钢丝网、骑马钉、木螺钉、自攻螺钉、镀锌铁丝等其他金属材料。

(1)钢丝网。钢丝网有两种,即钢丝网和镀锌钢丝网。钢丝网每卷宽度为914mm,长度为30m。镀锌钢丝网宽度有914mm、1000mm两种,长度均为30m。

(2)骑马钉。骑马钉是用于固定金属板网、金属丝网等保温层的紧固装置，其外形见图1-3。

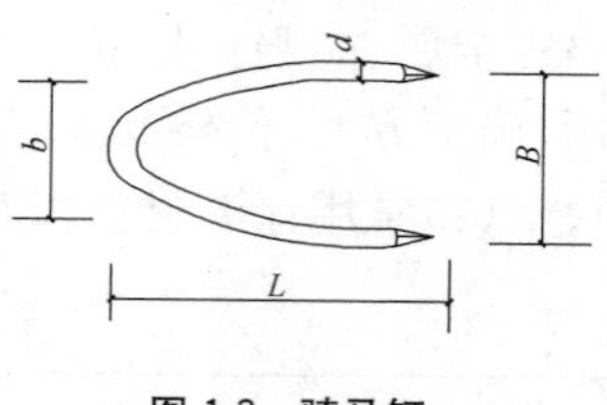

图 1-3　骑马钉

（3）木螺钉。木螺钉包括沉头木螺钉（又叫平头木螺钉、木螺钉）、圆头木螺钉（又叫半圆头木螺钉、平圆头木螺钉、圆头木螺钉）、半沉头木螺钉（又叫圆头木螺钉）和十字槽头木螺钉（分为沉头、圆头和半沉头三种）。

（4）自攻螺钉。自攻螺钉又叫快攻螺钉。保温件常用的有十字槽自攻螺钉、十字槽沉头自攻螺钉、十字槽半沉头自攻螺钉、开槽盘头自攻螺钉、开槽沉头自攻螺钉、开槽半沉头自攻螺钉等。

自攻螺钉用于薄金属（铝、铜、低碳钢等）制件与较厚金属制件（机件主体）之间的螺纹连接。螺钉本身具有较高的硬度，事先在主体上钻一相应小孔，然后将螺钉拧入主体制件中，形成螺钉连接。

（5）镀锌铁丝。在保温结构中用于绑扎保温材料或防潮层等，其直径从0.2～6.0mm不等。

六、通风工程机具设备

1. 剪切机具

（1）联合冲剪机。

联合冲剪机主要用于切断钢板和型钢，也可进行冲孔和开三角凹槽等，见图 1-4，用来制作部件及各种支架、吊架。

联合冲剪机使用要点：

①使用前要检查刃口（或冲模）有无裂缝、崩牙、卷刃现象，固定刃具的螺栓应上紧，刃具装置应牢固，刃口角度应合适。

②空运转正常后，必须带动冲刃或剪刃空冲或空剪1～2次，检查压紧装置、定位装置正常后，方可进行剪冲作业。

③刀板间隙要适当，对厚度为2～12mm的板料，刀板间隙以0.15～0.5mm为宜。

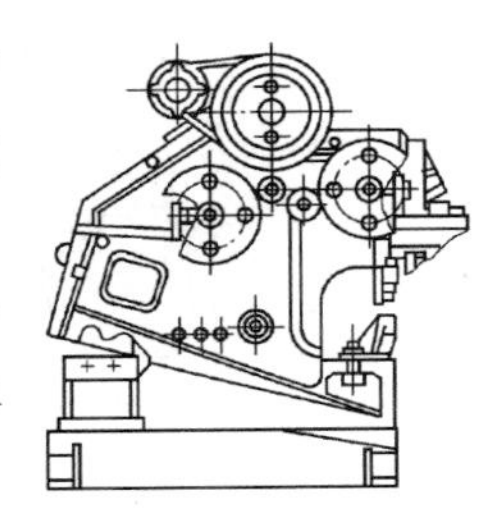

图1-4　联合冲剪机外形图

④在剪切圆钢或方钢时，一般进料孔的尺寸可比材料尺寸大2～10mm。如进料孔的尺寸长为26mm，可切圆料尺寸为ϕ16～ϕ24mm。

⑤必须科学、合理地使用模具，剪冲材料应与模具相适应，如方、圆不得互用等。

⑥在剪冲时，必须将压料器压住被剪冲材料。如材料太短压不住时，不得剪冲；如长料时，必须将两端下面架平，方可剪冲。

⑦剪切薄板料时，应把所切的材料，按线条和定位距离对好，并将压料器调整合适，不得连剪，应一次对刀，一次剪切。

⑧冲孔时，上、下模具应对中心调整，摆平摆正，四周间隙要均匀。

⑨成批剪切钢材时，可根据料长加设定位挡板，进行连续剪切。在剪切过程中，定位挡板不得移动，并随时检查剪切尺寸。

⑩在一般情况下，不得同时进行两项剪切作业。在机械允许的范围内，同时进行两项作业剪切时，要相互配合好，防止出现故障。

⑪不得随意剪冲经过热处理（淬火）的钢材。

（2）龙门剪板机。

龙门剪板机主要由床身、电动机、带轮、离合器、制动器、压料器、挡料器及刀片等组成，见图 1-5。

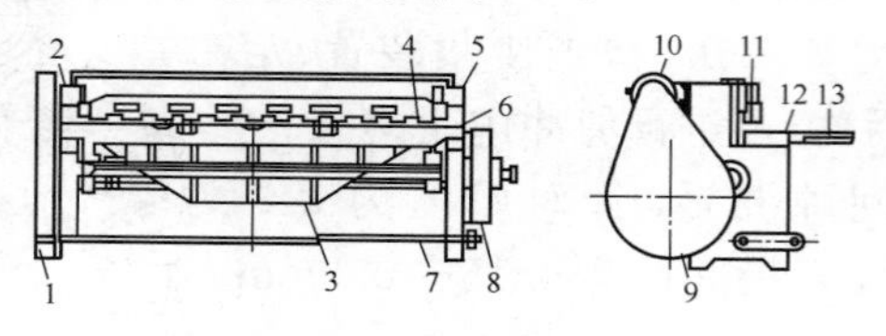

图 1-5 龙门剪板机

1—飞轮带轮防护罩；2—左立柱；3—滑料板；4—压料器；5—右立柱；6—工作台；7—脚踏管；8—离合器防护罩；9—飞轮带轮防护罩；10—挡料器齿条；11—电动机；12—平台；13—托料架

剪切操作是由电动机带动带轮、飞轮传动轴再通过齿轮使偏心轮转动，从而使床身上的上刀片，上下动作而进行剪切。

(3)直线切板机。

①直线切板机的构造。直线切板机是切割板材的一种剪板机。这种剪板机是由电动机、机身、刀架梁及持紧器、控制器、离合器、制动器、后挡板、护板、踏板及开关等组成，见图 1-6。

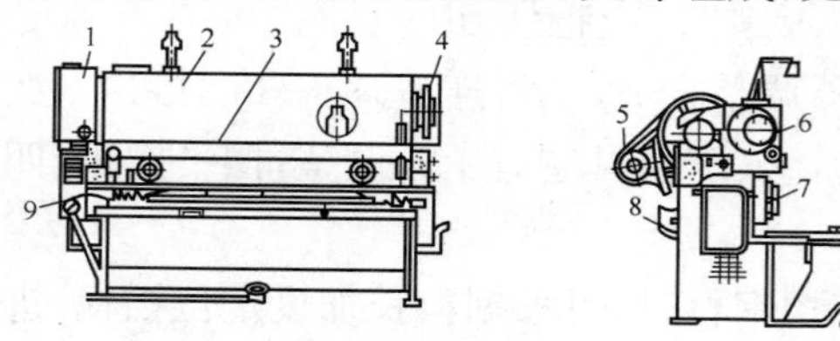

图 1-6 直线切板机

1—控制器；2—机身；3—刀架梁及持紧器；4—制动器；5—电动机；6—离合器；7—开关；8—后挡板；9—护板；10—踏板

切割板材质量好坏由刃口间隙大小来决定，一般板厚小于 2.5mm，其间隙为 0.1mm；厚度小于 4mm，其间隙为0.16mm；厚度小于 5mm，其间隙为0.32mm。

②直线切板机的工作程序。切割时，上刀片沿两头导轨槽上、下动作，板材由刀架梁固定，后挡板用来限制切割量，护板为保护装置，防止出现事故。切板机可间断运行，也可连续切割。

③振动剪板机。振动剪板机用于切割曲线板材。剪板机是由电动机、机身、悬臂、台板、刀片、导轨等组成，见图1-7。

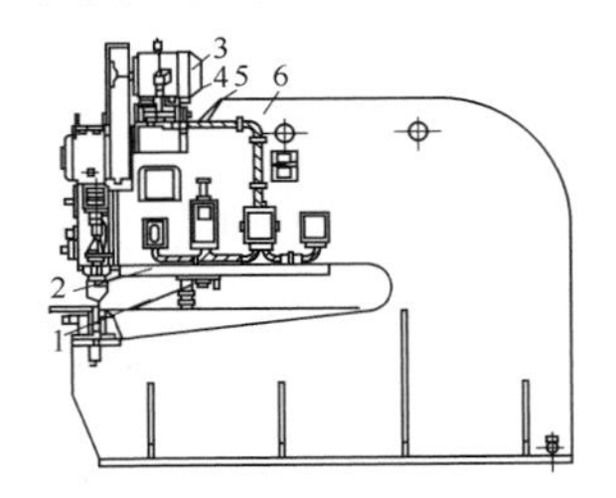

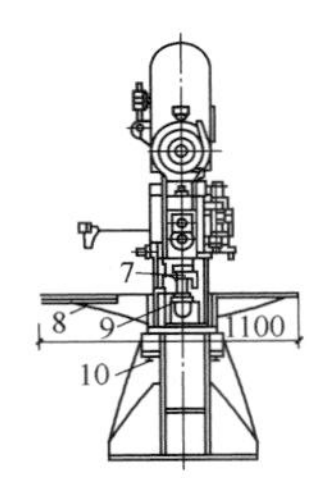

图1-7　振动剪板机

1—定心器；2—导轨；3—电动机；4—台板；5—支架；6—上悬臂；7—上刀片；8—工作台；9—下刀片；10—调整螺钉

剪板机的动作，由电动机带动带轮、曲柄机构使固定刀片的滑块作往复运动；由定心器找正板材，下刀片固定在工作台下方；工作台位置用螺钉调整。

(4)剪板机的使用要点。

①使用前应检查刀口角度及有无崩牙、卷刃等缺陷，剪刀刃必须保持锐利，其全长直线度不得超过0.1mm。

②机械转动后，带动上刀刃空剪2～3次，检查走刀、离合器、压板等各部分正常后，方可进行剪切。

③压料装置的各个压脚与平台的间隙应一致。

④更换剪刀以及中间调整剪刀时，上下剪刀的间隙一般以剪切钢板厚度的5%为宜。调整剪刀间隙后，应用手盘动转动机构，检查剪刀有无刮碰。

⑤钢板如有焊疤或氧化皮等易损伤刀刃的杂物时，必须先

清理干净，方可剪切。

⑥有咬口的钢板，应尽量避免在剪床剪切，如确需剪切时，应先将咬口凿开。

⑦严禁将薄钢板重叠剪切，也不得同时剪切两项作业。

⑧成批剪料时，应先把挡板调到所需要的位置，做出样品，经检查合格后，方可成批剪切。送料时不要用力过猛，避免挡板移动。

⑨钢板放好后，不得将手放在剪床压脚下面，也不得在工作台上托住钢板，以免剪切时压伤手。

⑩压脚压不住的板料，如窄板、翘板、不平板等，不得剪切。如剪长料时，应用台架架平。

⑪踏动踏板要迅速，避免连续剪切。

⑫铅、铝合金钢板或过硬的钢板，不得随便剪切。

⑬要随时检查离合器的动作灵活性，如操作中发现不灵活，应及时停车加以维修，符合要求后再开车。

⑭对机械的各润滑部位，要定期定时加注润滑油(脂)，以确保机械的正常运转。

(5)手动滚轮剪。

手动滚轮剪(图1-8)是在机架上部固定滚刀，机架下部固定滚轮，并配备棘轮和手柄。

图1-8 手动滚轮剪

操作时，将板材放入滚刀间，用手握住钢板，并转动手柄，通过滚轮转动切断板材。

(6)电动剪刀。

主要切割板材的直线和曲线。剪刀最大厚度为3mm。剪切最小曲率半径为30～50mm。

操作时，两刀刃的横向间隙调整可按板材厚度和软硬程度而定，剪较硬板材间隙应大些。装配刀具时，转动偏心轴，使两刀刃间距要大，刀尖搭接约 0.1～0.6mm，调好后拧紧螺钉。

(7)电动曲线锯。

可在金属或塑料板上开出曲率半径小的几何形体。使用的锯条有粗、中、细三种。锯钢板厚度为 3mm，较硬板材要用细齿条，塑料板可用粗齿条。

2. 卷圆与折方机具

(1)卷板机。

卷板机用来卷制圆管和圆弧形部件。它是由电动机、机架、支柱、气缸、滚轴等组成，见图 1-9。

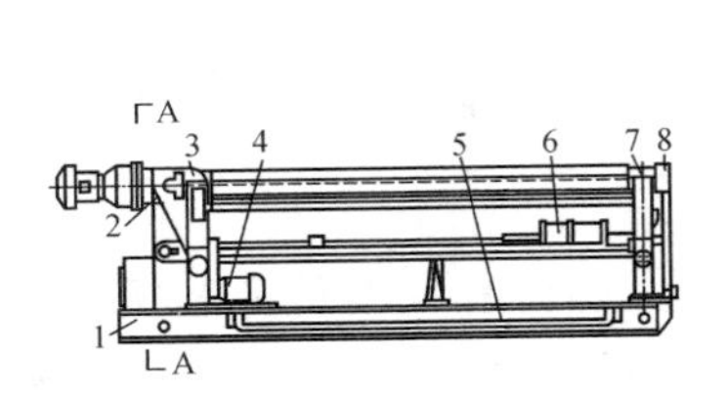

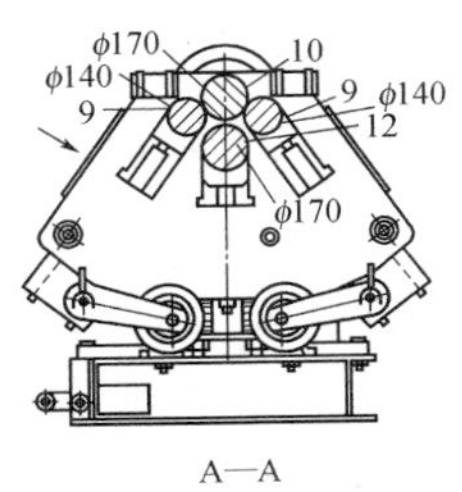

图 1-9　卷板机

1—焊接机架；2—转动轴轴颈；3—支柱；4—电动机；5—紧急踏板；6—气缸；7—支柱；8—可放倒的轴承；9—侧滚轴；10—上滚轴；11—下滚轴

卷板机的驱动是由电动机带动减速机、齿轮转动，上、下滚轴转动，卷圆的规格由侧轮轴来调整，卷圆完成后，将滚轴端轴承打开由气缸取出。

卷板机的使用要点：

①使用前，要检查离合器及操作手柄是否灵活、可靠。

②卷圆前，板料两端应做出相应圆弧，然后开始卷圆。

③卷制钢板时，要根据工件的弯曲半径，逐步调整丝杠顶丝，使钢板缓慢受力，不得一次卷制成型。

④在卷制过程中，钢板上不得放置其他物品，严禁在钢板上站人或从卷板机上跨越通过。

⑤卷长料时，进料一头应有托辊或抬起配合送料卷圆，用手送料时，不得送至尽头。

⑥在运转过程中，严禁开反车，必须使其达到终程(停止转动)以后，再使其反方向运转，以免损坏机械。

⑦操作人员必须穿好工作服，不得戴手套，避免衣物和人体卷入。

⑧卷制成型后，必须先松压杠螺栓，然后顶起辊轴，取出制品，以免将轴顶歪。

(2)螺旋卷管机。

用来加工圆风管，从而基本实现了圆风管加工机械化作业，常用螺旋卷管机见图 1-10。

(3)折方机。

主要用于矩形风管的直边折方，有人工折方和机械折方两种方法，人工折方效率低，体力消耗大。因此，多使用机械折方。

图 1-11 是一台机械折方机，它由电动机、机架、立柱、工作台、压梁、折梁及齿轮等组成。其工作原理是电动机带动齿轮、蜗杆，通过传动机构使折梁和压梁抬起或放下，完成折方工艺。

折方机的使用要点：

①折方机使用前，应使离合器、连杆等部件动作灵活，并经空负荷运转，机械符合使用要求后再使用。

②加工板长超过 1m 时，应当由 2 人以上进行作业，以保证折方的质量。

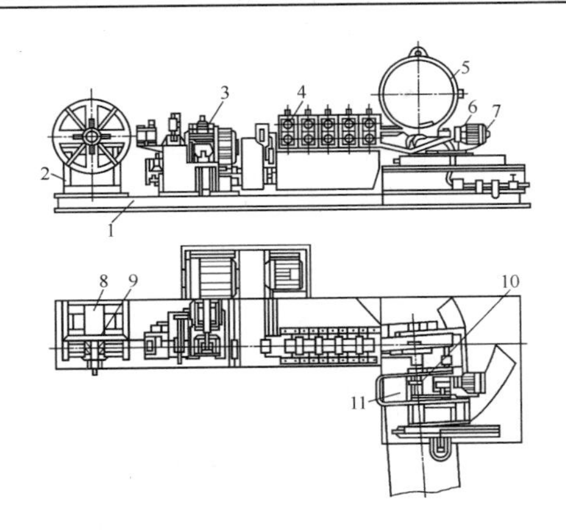

图 1-10　常用螺旋卷管机

1—机架；2—开卷器；3—切断与焊接机构；4—整型机构；
5—成型工作头；6—往复锯机构；7—锯的回转机构；
8—悬臂轴；9—限位销；10—圆锯；11—移动锯

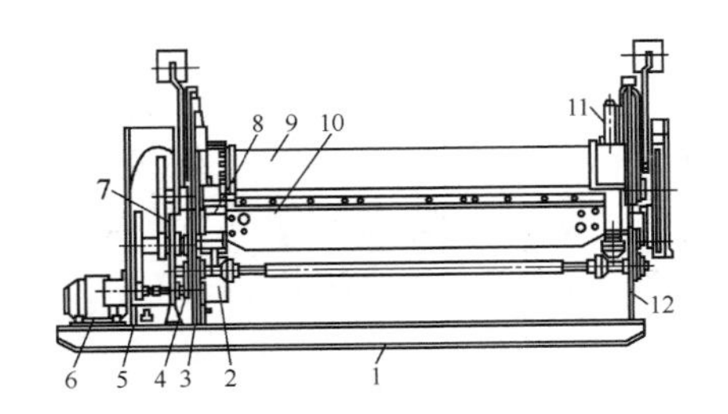

图 1-11　折方机

1—焊制机架；2—调节螺钉；3、12—立柱；4、5—齿轮；6—电动机；
7—杠杆；8—工作台；9—压梁；10—折梁；11—调节压杆

③折方时，参加作业人员要密切配合，并与设备保持安全距离，防止钢板碰伤人。

④对机械的润滑点，要按时加注润滑油（脂），以使设备保持正常的工作状态。

3. 连接机具

(1)按扣式咬口折边机。

①按扣式咬口折边机的构造。

a. 按扣式咬口折边机主要是对矩形风管及矩形管件进行咬口和折边工艺,见图 1-12。

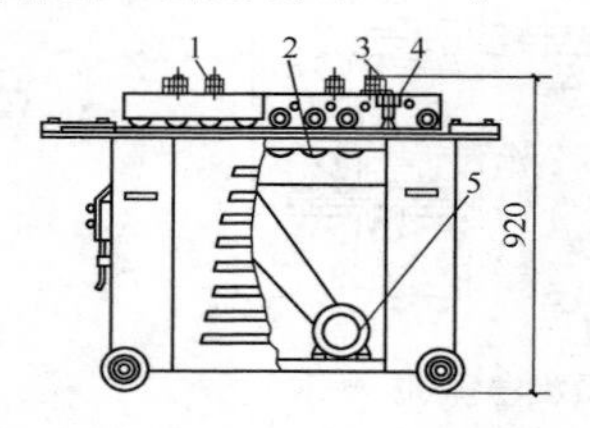

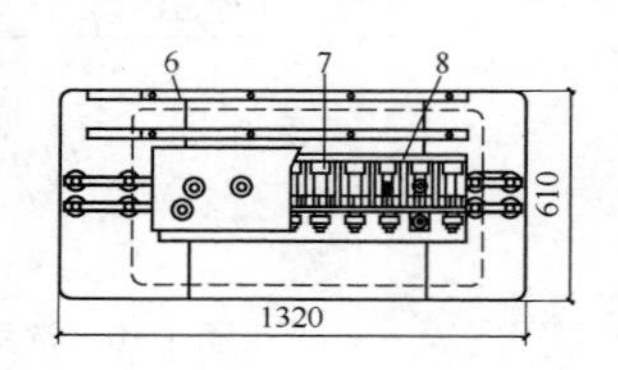

图 1-12 按扣式咬口折边机

1—中辊调整螺栓;2—下辊;3—调整螺栓;4—外辅助轮;
5—电动机;6—进料导轨;7—中辊;8—外辊

b. 按扣式咬口折边机主要是对 0.5～1mm 板厚的矩形风管及管件进行制作加工成型。

c. 按扣式咬口折边机主要由机架部分(型钢和钢板焊接成型)、上横梁部分(由横梁板、9 根滚托轴、滚轮和齿轮等组成)、下横梁部分(由横梁板、滚轮轴、滚轮和齿轮组成)、传动部分(带轮、减速机等组成)等 4 大部件组合而成。

②按扣式咬口折边机的使用要点。

a. 机械使用前,要根据板材厚度和咬口折边宽度进行适当的调整,见图 1-13。

其一,加工 ⊏⊐ 形口的调整方法:将图 1-13 中①～④调整螺母拧紧后,再将①、②回拧 100°,③、④回拧 180°,此时如要该形口的内侧比外侧长时,再将①、②拧紧 50°,此时如该形口的外

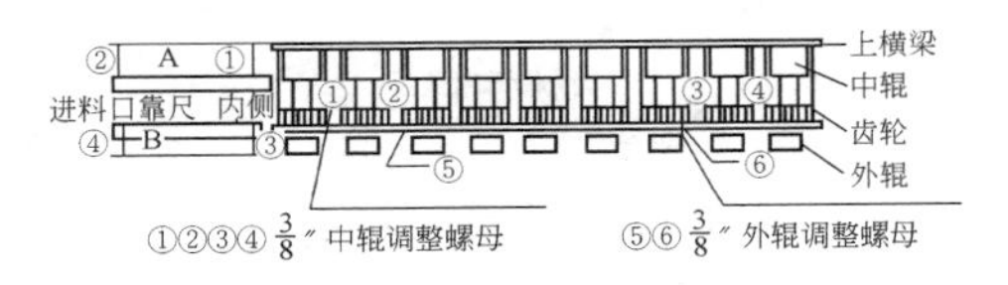

图 1-13　按扣式咬口折边机调整图

侧比内侧长时，再将①、②回拧 5°。

靠尺 A 的调整，要以上横梁板延长线为基准，使靠尺两端到此延长线的距离②比①要大 2.0～2.5mm。

其二，加工 形口的调整方法：将⑤、⑥调整螺母拧紧后，再回拧 120°，如出现板材空滑时，应将调整螺母再拧紧 10° 左右。

靠尺 B 的调整，要以外辊端面延长线为基准，使靠尺两端到此延长线的距离③比④小 1.0～1.5mm。

为了避免咬口成型时歪扭，当进料时，必须将板材贴紧靠尺。加工 形口时，板料要贴紧 A 靠尺；加工 形口时，板料要贴紧 B 靠尺。

b. 使用按扣式咬口折边机时，要经常检查机械各部零件运转是否灵活，紧固件是否牢固可靠，如出现不正常响声，应及时停车检查，不得使设备带病运转。

c. 设备开车前，要对滚轮表面加油，传动齿轮部分定时加注润滑油，轴承内定期加注润滑脂。

(2)弯头咬口机。

①弯头咬口机的构造。弯头咬口机结构见图 1-14。

②弯头咬口机的使用要点。

a. 设备使用前，要检查压轮与角度挡板等是否灵活、好用，压轮的尺寸是否适合咬口压边的尺寸要求。

b. 操作时，先升起上压轮，并根据弯头直径的圆弧调整上部

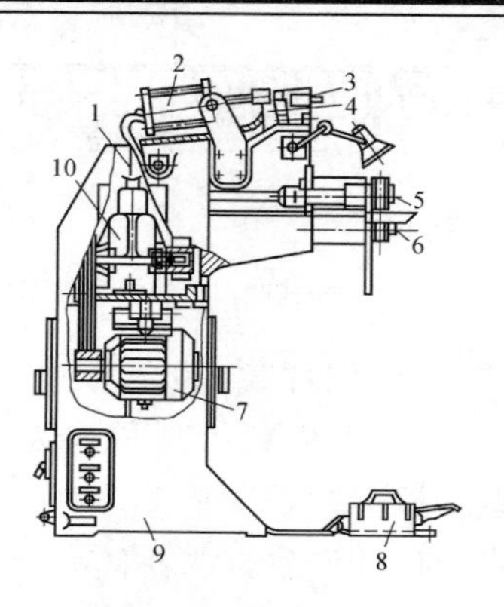

图 1-14 弯头咬口机

1—机械的铸造外壳；2—气缸；3—开关；4—双臂杠杆；5—下轧辊；6—上轧辊；7—电动机；8—气动脚踏开关；9—机架；10—减速机

及左右两个小压轮，使其间隙相同。压边的弯头管节就位后，与挡板贴紧，然后转动丝杠使滚轮压住钢板，并根据弯头管节的角度调整下部角度板，使弯头管节在压边时不致晃动。

c. 设备操作者应平稳地压住弯头，压边成型分次调整上压轮，一般完成一个压边尺寸要调整压轮 3～4 次。弯头管节经压制后，将上压轮升起并取出管节，即可组对咬口。

(3)小截面风管联合咬口成型机。

主要用于直缝折边、装配及咬口、压口等。联合咬口成型机是由电动机、机架、传动装置、合缝机构、拉杆、气缸、压模等组成。工作原理主要是通过压模使风管上、下部成型，然后进行折边，组对和咬缝，完成加工工艺。

(4)咬口机。

咬口机主要是把风管、部位端口压成各类咬口形状，然后进行咬接。咬口机由电动机、机架、传动装置、转轴、工作台等部件组成，见图 1-15。主要靠上、下凸轮转动装置形成的压力而成型。

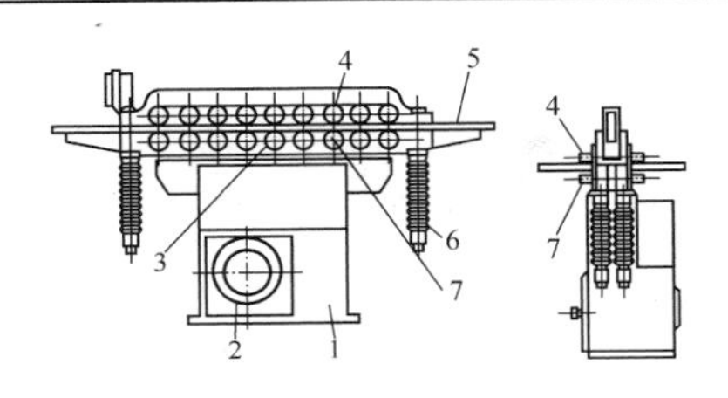

图1-15　咬口机

1—机架；2—电动机；3—下凸轮传动装置；4—上转轴；
5—工作台；6—盘状弹簧持紧器；7—下转轴

(5)压口机。

压口机的作用是对直线咬口压制成咬合缝。主要由电动装置、钢架、上梁、气缸、工作头、凸轮、锁紧装置、底梁等组成。

压口合缝的程序是：将咬好的板件放在阴模底梁，并使咬口对正压轮，用气缸关闭锁紧器，压轮下压并开启自引式工作头，使其沿咬口缝运动压口合缝，然后松开锁紧器取出工件。

(6)塑料对挤焊机。

塑料对挤焊机是塑料直缝焊接常用的设备，其特点是焊缝强度高，不需焊条，焊接速度快，质量好。它是不定型产品，主要由以下几部分组成：

①电加热器。主要用来加工塑料，构成形式有两种：一种是在金属管上焊上金属肋片，管内装有绝缘瓷管，并敷设电热丝，通电后，产生热量传至金属肋片，加热塑料；另一种是用一条宽30～40mm、厚1mm的不锈钢片，长度比焊件长100mm，不锈钢片固定在支架上，并将两头通5～6V、200～300A交流电，使不锈钢片产生热量来加热工件。

②平台及夹具。用来固定塑料板，由左右两部分组成，通过传动装置，可使其分开或合拢。

③传动机构。有液压和曲柄连杆机构两种形式，其作用主

要是使平台和夹具按要求分离或合拢。

④电源和温度控制系统。这部分装置是按加热器的性能和结构确定的，用电热丝时，可经过调压器来调整；用不锈钢片加热时，先用一个 3kV · A 的降压变压器，将 220V 单相交流电降至 5～6V。控制加热温度时，要在降压变压器处接上调压变压器调整输入电压。此外，在加热片安装两金属片或半导体测温元件作传感器来控制加热温度。

4. 法兰加工机具

(1)法兰弯曲机。

①操作前，应检查压杠等是否灵活可靠。压杠的调节，应根据法兰盘直径的大小做出样板标尺。

②使用时，先转动压杠，升起上压轮，插入角钢，再根据角钢规格以及法兰盘直径，一次调整上、下压轮的间隙，然后开动机械使其连续动作，卷成角钢法兰。

③当一根角钢快卷完时，不得用手将料送至尽头，防止压伤手指。如卷制单个法兰，须用钳子夹住角钢。

(2)风管法兰成型机。

风管法兰成型机有双头法兰成型机和部件法兰成型机两种。成型机是由电动机、机架、传动系统、固定及活动工作头、滚轮、行程螺杆等组成。由电动机带动减速器、带轮等传动机构使工作头在机架上动作，由此可进行圆形、矩形风管的端口折弯。加工后的法兰，端口折边与风管轴线相垂直，以保证安装质量。

(3)矩形风管法兰折边机。

矩形风管法兰折边机由电动机、机架、减速机、工作轴、凸轮联轴器、支持轴承等组成。操作程序是：电动机带动轴，轴上扇形轮将法兰周长一边折好，再转动风管，将全部周边折好。

第2部分　通风工岗位操作技能

一、风管展开放样

1. 展开放样的基本要求

风管展开放样一般是画出风管展开图，再按图制作。画展开图一般在平台上进行，对于较常用的管件和部件，可用薄钢板或油毛毡制成样板，样板制出后，必须在上面注明名称、规格及其他有关标记，以防止在使用中发生差错。对于单一的管件或部件，可以直接在所需厚度的板材上画展开图并进行下料，而不必在平台上根据展开图制作样板。

通风管件和部件在制作过程中，必然要涉及对展开时的板厚和咬口、装设法兰的裕量如何处理的问题。这些问题在展开下料时处理不当，就会造成零件外形尺寸不准确，甚至无法使用。

(1)板厚的处理。

通风管道和管件尺寸的标注，矩形风管以外边尺寸计算，圆形风管以外径尺寸计算。通风管道采用的薄钢板、镀锌钢板或铝板、不锈钢板，厚度一般在0.5～2mm范围内，展开后对尺寸影响很小，因此展开放样时可以忽略不计。但对于有特殊要求的厚壁风管和部件，其板壁厚度大于2mm时，必须考虑板壁厚度的影响，即对于圆形风管的展开下料，计算直径时应以中径(外径减壁厚或内径加壁厚)为准。对于矩形风管，仍按风管外边尺寸计算展开。

(2)展开下料裕量。

展开下料中的关键环节是做好咬口裕量和装配法兰裕量的预留。在进行薄板风管、管件及部件的展开下料时,必须考虑薄板的连接方式和风管、管件及部件的接口是否装配法兰,以便展开下料时留出一定的裕量。

风管和管件如采用咬口连接,应根据咬口加工方式(手工加工或机械加工)和咬口形式来考虑预留咬口裕量。机械咬口比手工操作咬口的预留量要大一些,咬口裕量分别留在板料的两边,而且两边的裕量是不一样的,见表 2-1。

对于预留咬口裕量没有把握时,可按咬口形式进行试验,以确定适当的咬口裕量。

金属薄板风管接合处采用焊接时,应根据焊缝形式,留出搭接量和扳边量。

风管、管件采用法兰时,应在管端留出相当于法兰所用角钢的宽度与翻边量(约 10mm)之和的裕量。

表 2-1　　咬口裕量　　(单位:mm)

板材厚度	手工操作咬口						机械咬口					
	平咬口		角咬口		联合角咬口		平咬口		按口式咬口		联合角咬口	
0.5～0.7	12	6	12	6	21	7	24	10	31	12	30	7
0.8	14	7	14	7	24	8	24	10	31	12	30	7
1～1.2	18	9	18	9	28	9	24	10	31	12	30	7

2. 平行线展开法

平行线展开法是利用足够多的平行素线,将其需要展开的物体表面划成足够多的小平面梯形或小平面矩形(近似平面),

当把这些小梯形或小矩形依次地摊平开来，物体表面就被展开了。平行线展开法常用于展开柱体管件的侧表面，如圆形或矩形管件。

(1)方形、矩形风管弯头的展开。

见图 2-1(a)是一个直角方管弯头。只要截取展开图上 1、2、3、4、1 的底边长度等于下口断面 1、2、3、4、1 的周长，展开图上 1—1、2—2、3—3、4—4 的高度等于主视图上1—1、2—2、3—3、4—4 各棱的高度，展开图即可作出，见图 2-1(b)。另一部分也是一样的。

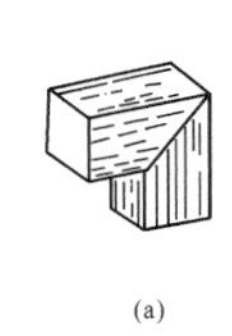

(a)

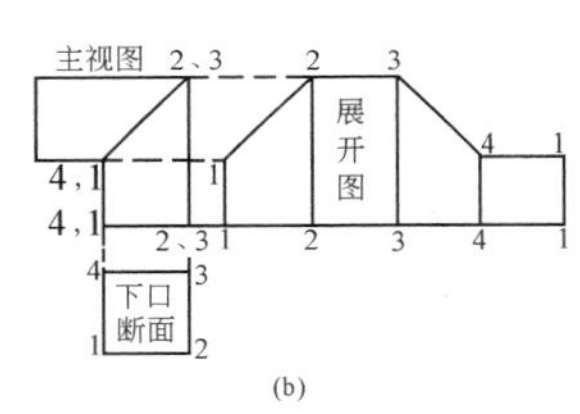

(b)

图 2-1　直角方管弯头的展开

(a)直角方管弯头；(b)展开图

(2)圆形直角弯头的展开。

①先画出圆形直角弯头的主视图和俯视图，俯视图可以只画成半圆，见图 2-2。

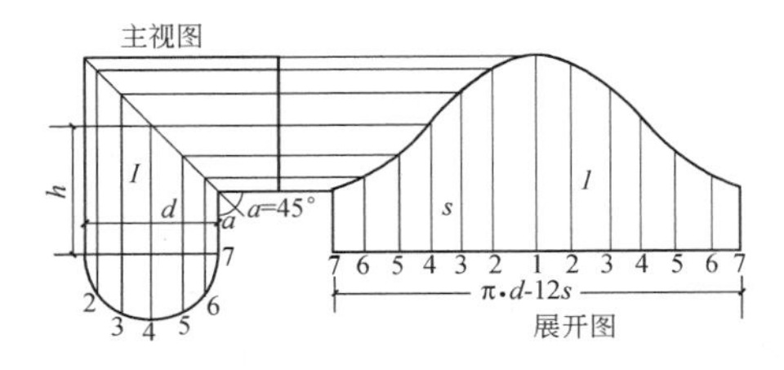

图 2-2　圆形直角弯头的展开

②将俯视图的圆周 12 等分，即半圆 6 等分（等分越多越精确），得分点 1、2、3…7。

③通过等分点向上引主视图中心线的平行线，并与斜口线相交。

④将主视图的圆周展开，也分为 12 等分，并通过等分点作垂直线，与主视图斜口各点引出的平行线相交，用圆滑曲线连接各相交点，就完成了展开图。

多节圆形弯头的展开，也可用一种称为大小圆的简单方法画展开图。见图 2-3，采用弯头里、背的高差为直径画小半圆弧，并 6 等分，从各等分点引水平线与展开图底边各垂直等分线相交，连接各相交点为圆滑曲线，即为展开图。

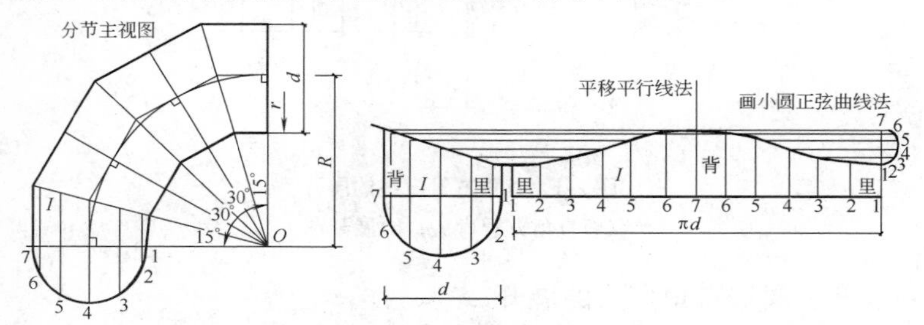

图 2-3　大小圆法对任意角弯头的展开

（3）等径圆三通管的展开。

见图 2-4（a）是等径圆三通管的实形，其展开步骤有以下几点：

①按实形（a）作主视图（b）。

②作结合线。因甲、乙两圆管是等径的，可用内切球体法求得它们的结合线是两条平面曲线，在主视图（b）上是一条折线。

③作甲圆管的展开图。第一，将甲圆管的圆周 16 等分，图 2-4（b）上是 8 等分，过每一等分点向相贯线引平行素线，并

与它相交。第二，将甲圆管沿一素线切开平摊在主视图右侧，并按圆周的等分画平行素线。第三，过结合线上的交点向图 2-4(d)引平行素线分别与它上面的平行素线相交。第四，用平滑曲线依次连接图 2-4(d)的交点，即得到甲圆管的展开图 2-4(d)。

④作乙圆管的展开图。第一，作乙圆管的右视图 2-4(c)，同样将其圆周 16 等分。第二，将乙圆管沿一条素线切开摊平在主视图下，见图 2-4(e)，并用平行线将其 16 等分。第三，过结合线上的交点向图 2-4(e)引平行素线，并与其上的平行素线分别相交。第四，在图 2-4(e)上用平滑曲线依次连接各交点，即得到乙圆管的展开图图 2-4(e)。

按上述方法也可以进行等径圆四通管的展开。

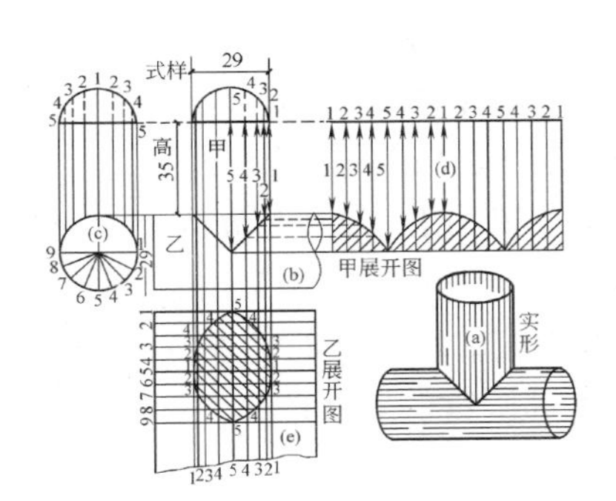

图 2-4　等径圆三通管的展开

(a)等径圆三通管实形图；(b)主视图；(c)右视图；(d)甲圆管展开图；(e)乙圆管展开图。

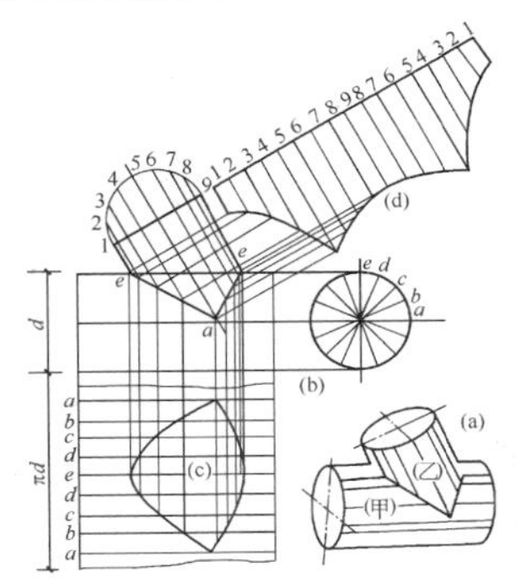

图 2-5　等径斜三通管的展开

(a)等径斜三通管实形图；(b)投影图；(c)甲管展开图；(d)乙管展开图

(4)等径斜三通管的展开。

见图 2-5(a)是等径斜三通管的实形，画展开图的步骤有以下几点：

①根据实体见图 2-5(a)作其投影图(b)。

②求结合线。因为是两个等径圆管相交,相贯线是两段平面曲线,反映在主视图上是一条折线,见图 2-5(b)。

③作上部圆管(乙管)的展开图。第一,在上部管的直径上作半圆,并将其分成 8 等分(则整圆均分成 16 等分),等分点分别为 1、2、3、4、5、6、7、8、9,延长线段 1—9,并在延长线上取一线段等于上部圆管的周长,将其 16 等分,得分点 1、2、3…3、2、1,过每一等分点作 9—e 的平行线。第二,过上部圆管半圆上的等分点作 9—e 的平行线分别与相贯线 e—a—e 相交,再过每一交点作 1—9 的平行线,分别与图 2-5(d)的平行线相交,用平滑曲线依次连接各交点,则得到上部圆管的展开图,见图 2-5(d)。

④作下部圆管(甲管)的展开图。第一,下部圆管的左视图是一个圆,见图2-5(b)。将其 16 等分,用 a、b、c、d,e 分别代表各等分点。将圆管水平切开平铺在主视图下,分别过 a、b,c、d、e 作平行线。第二,在下部圆管左视图上,分别过 a、b,c、d、e 作 e—e 的平行线与 V 形相贯线 e—a—e 的两侧相交,再过每一交点向下引平行线分别与图 2-5(c)上的水平平行线相交,用平滑曲线依次连接各交点,便得到下部圆管的展开图。

(5)异径斜三通的展开。

图 2-6(a)是异径斜三通的实形,从图中可知主管外径为 D、支管外径为 D_1,支管与主管轴线的交角为 α。要画出支管的展开图和主管上开孔的展开图,需先求出支管与主管的结合线。

结合线用图 2-6(b)的作图步骤可求得。

①先画出异径斜三通的立面图与侧面图,在该两图的支管端部各画半个圆并 6 等分,等分点标号为 1、2、3、4、3、2、1。然后在立面图上通过各等分点作平行于支管中心线的斜直线,同时在侧面图上通过各等分点向下作垂线,这组垂线与主管圆周

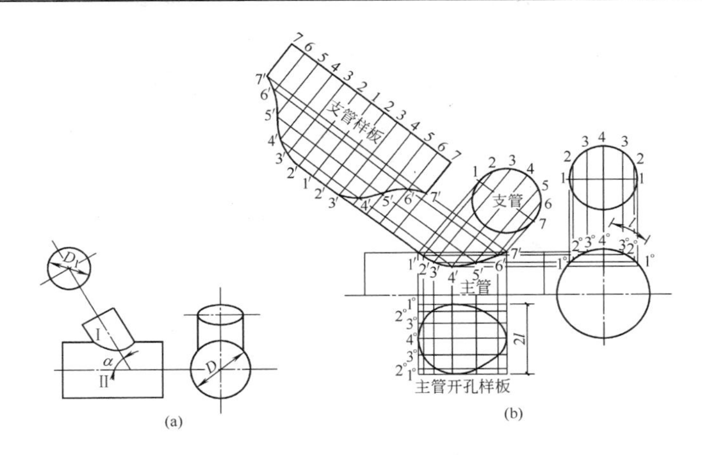

图 2-6　异径斜三通的展开

(a)异径斜三通实形图；(b)局部展开图

相交，得交点 1°、2°、3°、4°、3°、2°、1°。

②过点 1°、2°、3°、4°、3°、2°、1°向左分别引水平线，使之与立面图上支管斜平行线相交，得交点 1′、2′、3′、4′、5′、6′、7′。将这些点用光滑曲线连接起来，即为异径三通的接合线。

求出异径斜三通的接合线后，再按照图 2-6(b)的方法，即可画出支管和主管(开孔)的展开图。

(6)矩形来回弯的展开。

①图 2-7(a)、(b)是矩形来回弯的主视图和俯视图，它由三节组成：Ⅰ和Ⅲ节完全相同，由四个平面组成；左右两面是大小不等的两个长方形，长方形的长和宽在两个视图上均反映实长；前后两面是形状相同的两个直角梯形，在主视图上反映实形。

②中间一节Ⅱ也由四个平面组成：前后两面是形状相同的平行四边形，主视图上反映其实形；左右两面是形状相等的矩形，边长在两个视图上均反映实长。

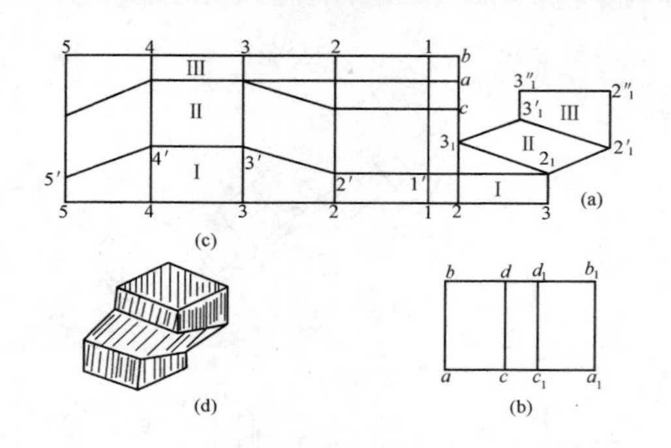

图 2-7　矩形来回弯的展开

(a)主视图;(b)俯视图;(c)展开图;(d)实形图

③因为矩形来回弯的Ⅰ、Ⅱ、Ⅲ三节表面上的棱线都是互相平行的，因此可以用平行线法进行展开。实际上如果将前后两面的位置互相调换，则成为一个矩形直管。因此，可以把三节的展开图拼合成一个长方形，这样做可以节约材料，只是在实际工作中要注意留裕量。

④见图 2-7 的矩形来回弯展开步骤有如下几点：

第一，根据实形画主视图和俯视图，见图 2-7(a)、(b)。

第二，在主视图上延长 $2-3_1$ 至 b，截取 3_1-a 等于 $3_1-3_1'$，$a-b$ 等于 $3_1'-3_1''$，$c-b$ 等于 $2_1'-2_1''$。

第三，在主视图上延长 2—3，在延长线上分别截取1—2、2—3、3—4、4—5 等于俯视图 2-7(b)上的 d_1-c_1、c_1-a、$a-b$、$b-d_1$，过 1、2、3、4、5 各点作铅垂线，铅垂线 1—1、2—2、3—3、4—4、5—5则是矩形来回弯的棱线见图 2-7(c)。

第四，作Ⅰ节的展开图。根据上面的分析，过主视图 2-7(a)上的 2_1、3_1 点分别引水平线与图 2-7(c)上的 5 条棱线相交于 $1'$、$2'$、$3'$、$4'$、$5'$，依次连接各交点，则得到工节的展开图 $3-1'-5'-5$，见图 2-7(c)。

第五，Ⅱ、Ⅲ节展开图的作法与上述Ⅰ节展开图的作法相同。

3. 放射线展开法

如果制件表面是由交于一点的无数条斜素线构成的，可以采用放射线法进行展开。放射线展开法主要适用于锥体侧表面及其截体的展开，如伞形吸气罩、伞形风帽和锥形风帽、圆锥形散流器等。因为锥体侧表面是由一组汇交于一点的直素线构成的，因此，可利用足够多的素线将其侧表面划分为足够多的小平面三角形（近似平面），当把这些小平面三角形依次摊平在一个平面上时，则得到这个壳体侧表面的展开图。

（1）放射线展开的一般步骤。

①先画出平面图和立面图，分别表示周长和高。

②将周长若干等分，从各等分点向立面图底边引垂线，并表示出它们的位置和交点连接的长度。

③再以交点为圆心，以斜线的长度为半径，作出与平面图周长等长的弧，在弧上划出各等分点，把各等分点与交点（圆心）相连接。再根据各等分点在立面图上的实长为半径，在其对应的连线上截取，连接各截点即构成展开图。

（2）正圆锥体的展开。

图2-8所示为正圆锥体的放射线法展开，作展开图的步骤有如下几点：

①在俯视图上将圆锥的底部圆周12等分。

②过圆锥底部圆周各等分点向主视图引垂线，与底部圆周投影相交，将各交点与正圆锥顶点O连接。这样，在主视图和展开图上都相应地出现了一组放射线，$O-1$、$O-2$……$O-12$，见图2-8(b)。正圆锥的展开图是一个扇形。

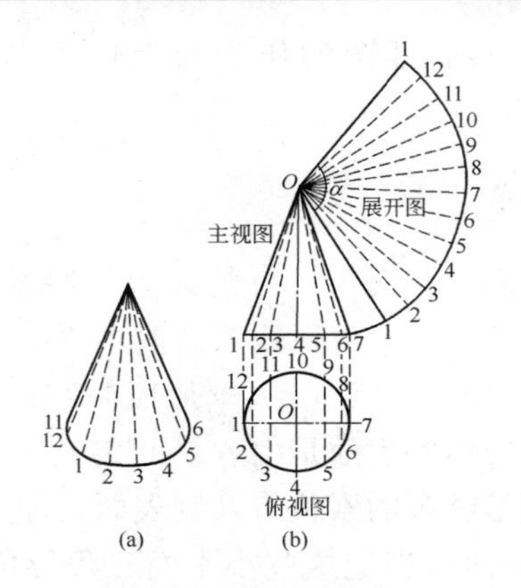

图 2-8　正圆锥体的放射线法展开

(a)正圆锥;(b)展开图

展开图上的各弧 12、23……的长度等于俯视图上相应的12、23……的弧长。展开图上的 $O-1$、$O-2$……$O-12$各线段长相等,即等于主视图上的斜边 $O-7$ 或$O-1$线段的长度。主视图上 $O-2$、$O-3$……$O-6$未反映圆锥体侧面上相应线段的实长,而比实长短了,这是因为倾斜线投影的缘故。

③实际工作中,对于正圆锥壳体的展开,可以省略俯视图,只要以任一点 O 为圆心,以主视图上轮廓线为半径作扇形,扇形的弧长等于圆锥底面圆周长,这个扇形则是圆锥体的展开图。扇形圆心角 α 的计算公式如下:

$$\alpha = 180° \frac{D}{R} \tag{2-1}$$

式中　D——圆锥底圆直径;

　　R——主视图上的轮廓线。

(3)斜口圆锥的展开。

图 2-9 所示为斜口圆锥的展开图,其展开步骤有如下几点:

①先画出斜口圆锥的主视图和俯视图,以表示出高和周长。

②将周长分为若干等分，并将各等分点向主视图底边引垂线，示出它们的位置和交点连接的长度。

③将主视图两边向上延长，得交点O，再以交点O为圆心，以斜边长度为半径，作出与底部周长等长的圆弧。同时，划出各分点，把各分点与交点相连接。再根据各分点在主视图上实长为半径，在各分点对应的连线上截取，连接各截点为一条圆滑的曲线，即为斜口圆锥的展开图。见图2-9为斜口圆锥的展开图。

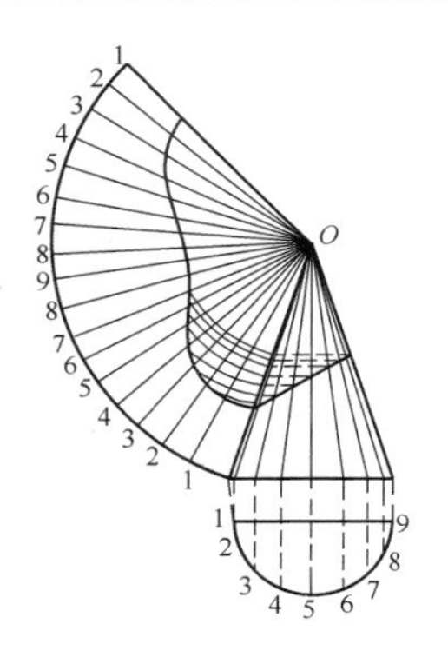

图2-9　斜口圆锥展开图

4. 三角形展开法

用毗连的且无共同顶点的一组三角形作展开图的方法称为三角形展开法，简称三角形法。凡是平行线法、放射线法不能展开的物体表面，都可以采用三角形展开法，因此，三角形展开法的应用范围比较广泛。

三角形展开法，就是把壳体表面划分成依次毗连的一组小平面三角形，把这些小三角形依次铺平开来，便得到所需要的物体表面展开图。

要画出任意三角形，只要知道三条边的实长即可。因此三角形展开法必须首先求出三条边的实长，然后才能作出展开图。求实长的方法，可以采用直角三角形法和直角梯形法两种。

当零件的中心（轴）线与水平投影面相垂直时可采用直角三角形法；当零件的中心（轴）线与水平投影面相互倾斜时则采用直角梯形法。

(1)矩形管大小头的展开。

图 2-10(a)为方管过渡接头的立体图,图2-10(b)为主视图和俯视图。从图中可知,该接头的表面由四个等腰梯形组成,这四个等腰梯形与基本投影面都不平行,所以在主视图和俯视图上,都没有反映出它们的真实形状。为了求得等腰梯形的真实形状,可以采用见图 2-11 的展开法。

①作四面等腰梯形的对角线,使一个梯形变成两个三角形,见图 2-11(a)。

②求出各三角形三边的实长。例如三角形 123,它的三边分别是 1—2、2—3和 3—1。其中,1—2 这条边,在俯视图上为实长,但 2—3 和 3—1 这两条边和投影面不平行,在俯视图上都找不到它们的实长。欲求出 3—1 和2—3这两条边的实长,可以见图 2-11(b)的模型,从这个模型中可以看出,3—1 和2—3都是直角三角形的斜边,这两个直角三角形的两个直角边,分别为 3—1 和2—3的水平投影和过渡接头的高,3—1 和 2—3 的水平投影,可以从俯视图上找到,而3—1和 2—3 的投影高度又能从主视图上找到。因此模型右面的两个直角三角形就很容易作出,则 3—1 和2—3的实长即可求出,见图 2-11(a)。

另一个三角形 234 的三条边 2—3、3—4 和 4—2,从图 2-11(b)可以看出,4—2和 3—1 相等,3—4 在俯视图上已反映实长,而 2—3 的实长在上面已经用直角三角形法求得。

③按照已知三边作三角形的方法,用 1—2、2—3 和 3—1 的实长,即可作出三角形 123。同样用 2—3、3—4 和 4—2 的实长,就可以作出三角形 234,见图 2-11(c)。如果连续作出全部三角形,就得到该接头的展开图,见图 2-11(d)。

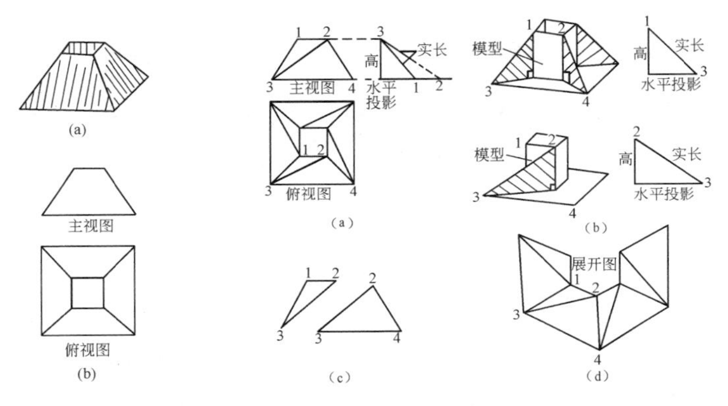

图 2-10　方管过渡接头

(a)立体图；

(b)主视图、俯视图

图 2-11　直角三角形求实长的方法与展开

(a)主、俯视图；(b)、(c)用三角形法求实长；

(d)作展开图

(2)正天圆地方的展开。

见图 2-12(a)是一个圆方过渡接头，又叫天圆地方。该接头的表面由四个相等的等腰三角形和四个具有单向弯度的圆角组成。

天圆地方的展开步骤有以下几个：

①先画出天圆地方的主视图和俯视图，见图 2-12(b)，将其上口圆周 12 等分，过等分点分别向下口的四个角连线，致使每一圆角部分都分为三个三角形(当然这三角形都有一边是曲线的，若将圆周作更多的等分，则曲线可以近似地当作直线看待)。

②求实长线。在组成这些三角形的各边中，只有 $A-1$ 和 $A-2$ 需要用直角三角形法求出实长，见图 2-12(c)。其余各边均在俯视图上反映实长。

③作展开图，按照上述已知三角形三边实长作三角形的方法，就能得到天圆地方的展开图，见图 2-12(d)。

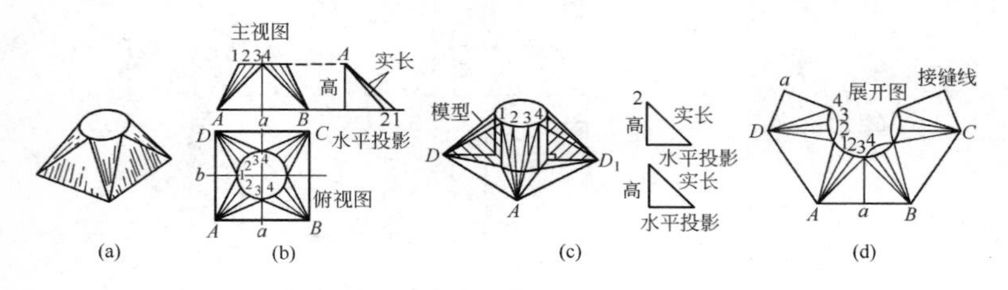

图 2-12　天圆地方的展开

(a)立体图；(b)主视图、俯视图；(c)求实长；(d)作展开图

④同理，若在这个接头等腰三角形的表面中部作一条$a-4$接缝线，则主视图上斜边 $A-1$ 长也就反映了$a-4$的实长，故这个接头的展开只需要求出 $A-2$ 一根线的实长。

(3)任意角度圆方过渡接头的展开。

见图 2-13(a)是一个上底面斜截的圆方过渡接头。现按图 2-13(b)作出它的主视图、俯视图及上口圆周断面图，同样将其表面分成 12 个三角形。可以看出$A-1$、$A-2$…$B-6$、$B-7$各线的长度均不相等，要采用直角三角形法分别求出它们的实长，见图 2-13(c)。各线实长求出后，图 2-13(b)右面是将 7 个直角形重叠在一起求实长的作图方法，就可按已知三边作三角形的方法，作出这个任意角度圆方过渡接头的展开图，见图 2-13(d)。

同样道理，主视图上的 $A-1$ 反映了俯视图上 $b-1$ 的实长，$B-7$反映了 $b-7$ 的实长。故作该接头的展开图时，主视图上的 $A-1$ 与 $B-7$ 的实长就可不必求出。

(4)正圆锥台的展开。

见图 2-14(a)是一个正圆锥台，由于其锥度小，下口直径大，如采用放射法展开则受到工作条件限制，可采用三角形展开法。

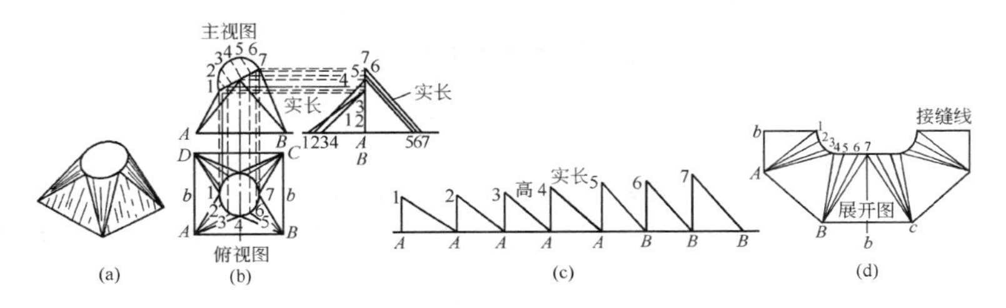

图 2-13　任意角度圆方过渡接头的展开

(a)立体图；(b)主视图、俯视图；(c)求实长；(d)作展开图

画展开图的步骤有以下几点：

①作出主视图和俯视图，将其上下口分成 12 等分，使表面组成 24 个三角形，见图 2-14(b)、(c)。

②采用直角三角形法求 1—2 线的实长。见图 2-14(b)主视图右，作正圆锥台的高 1—1′，在下口延长线上取 1′—2′等于水平投影中的 1—2，连接 1—2′，即为1—2线的实长。

③按照已知三边作三角形的方法，依次作三角形，即可得到正圆锥台的展开图，见图 2-14(d)。

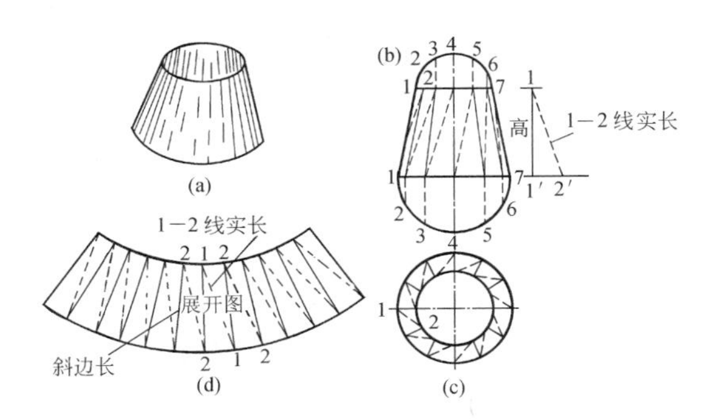

图 2-14　正圆锥台的展开

(a)正圆锥台；(b)主视图；(c)俯视图；(d)作展开图

二、通风管道及部件加工制作

1. 材料矫正

通风与空调工程使用的钢材，如存在不平整、弯曲、扭曲、波浪等缺陷，对钢材下料制作加工管道和部件，以及组装成半成品或成品的质量，都会有一定的影响。因此，在制作加工管道和部件之前，对使用的板材、型钢等存在的缺陷，要仔细地进行矫正处理，以保证其质量。

钢材的矫正处理方法有：手工矫正、机械矫正、加热矫正等。

（1）板材的手工矫正。

①对板材凸起处的矫正，一般是用手锤击打周围处，从四周向凸起部分锤击。锤点由里向外密度加大，锤击力也逐渐加大，使凸起部分慢慢消失。对于薄钢板几个相邻凸起处，应在凸起的相交处进行轻轻锤击，使其连成一片，再锤击四周即可消除。

②对板材波浪形缺陷矫正，主要从四周向中间锤打，锤击点逐渐增加，锤击力越来越大，最终使波浪形消失而归于平整。

③弯曲变形的修整，要从未翘起处的对角线进行敲击，使其延伸而平整。对于铝板还可用橡胶带拍打周边，再用橡胶锤或铝锤敲打中部即可整平。

（2）型钢的手工矫正。

①角钢弯曲、变形的处理。角钢外弯时，放在钢圈上，弯曲凸处向上用锤击，产生反向弯曲而纠正；同样内弯使背面朝上立放锤击即可调直。角钢扭曲可在虎钳上用扳手修整。角钢变形在三角铁和平台上进行调直。

②扁钢弯曲、扭曲的矫正。扁钢弯曲用锤击法使其平直，扭

曲可固定在虎钳上用扳手反向扭转纠正。

③槽钢的修整。对于槽钢立弯，将其放在平台上，凸部向上，锤击凸部腹板；对于旁弯可放在两根平行圆钢制成的平台上，锤击翼板；槽钢扭曲的校正，是将其放在平台上，将扭曲部伸出，将槽钢本体固定后进行锤击，使它反方向扭转，慢慢移动，然后调头进行锤击。

(3)机械矫正。

主要是用矫正机进行修整，一般使用的矫正机有平板机、型钢矫正机和压力机等。机械矫正效率高，质量有保证。

(4)加热矫正。

加热矫正主要是用焊枪对钢材局部变形进行加热烘烤，并进行必要的敲击，使其达到平整的要求。对于板材中间凸起处可将其固定在平台上，用点状加热(即用焊枪在板材上加热许多点)或采取线状加热(将凸起处加热成一条线)法，先在凸起处周围，再逐步缩小面积，即可修整好。对波浪形缺陷的处理，可用线状加热法，先从波浪形两侧平处开始，向其围拢，加热线的长度为板宽的一半左右，距离为50～200mm。

2. 风管与部件的纵向连接

在风管与部件的制作过程中，其连接方法有：咬接、铆接和焊接。咬接方法使用比较普遍。

(1)咬接。

它适用于1.2mm以下的薄钢板。咬接又有手工和机械咬接两种方法。手工咬接是用硬木方或木锤将画线的薄板在工作台上折曲合口后打实咬口。如板材要延展板边可用手锤操作。机械咬接是通过各种形式的折边机、咬口机、压口机、合缝机通过滚轮进行咬口压实。机械咬接效率高，质量好。

咬口的几种型式：常用的有横向单咬口、单（立）咬口、转角咬口、联合角咬口及按扣式咬口等。

①横向单咬口。见图 2-15 横向单咬口，它适用于板材连接和圆风管闭合咬接。它的咬口宽度一般为 6～10mm。咬口操作方法按图中顺序进行。咬口的裕量，见表 2-2。

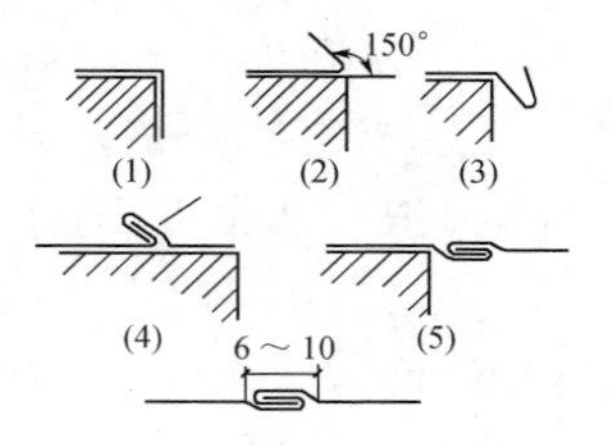

图 2-15　横向单咬口(mm)

表 2-2　　一个单咬口留量尺寸表　　（单位：mm）

项　次	钢板厚度	咬口宽度	单口留量	双口留量	咬口留量
1	0.5～0.6	6	6	12	18
2	0.7	7	7	14	21
3	0.8～0.9	8	8	16	24
4	1.0～1.2	8～10	8～10	16～20	25～30

注：利用机械方法折边，各种厚度钢板的咬口留量，可根据机械的压积规格，采用同一宽度。

②单（立）咬口。这种咬口方法主要用于圆形弯管和直管短节咬接，见图 2-16。

图 2-16　单(立)咬口

③转角咬口。它用于矩形直管的咬接和净化系统中弯管或三通的咬接，见图 2-17。咬接宽度通常为 6～10mm，操作方法，可按图 2-17 的排列顺序进行。

横向咬口和单（立）咬口的折边尺寸，见表 2-3。

表 2-3　　横向咬口、单(立)咬口折边尺寸　　（单位：mm）

咬口形式	咬口宽	折边尺寸		咬口形式	咬口宽	折边尺寸	
		第一块钢板	第二块钢板			第一块钢板	第二块钢板
单(立)咬口	8	7	14	横向咬口	8	7	6
	10	8	17		10	8	7
	12	10	20		12	10	8

④联合角咬口。

这种咬口形式适用于矩形风管、弯管、三通道、四通管的咬接，见图 2-18。它的操作程序按图中的排列顺序进行。

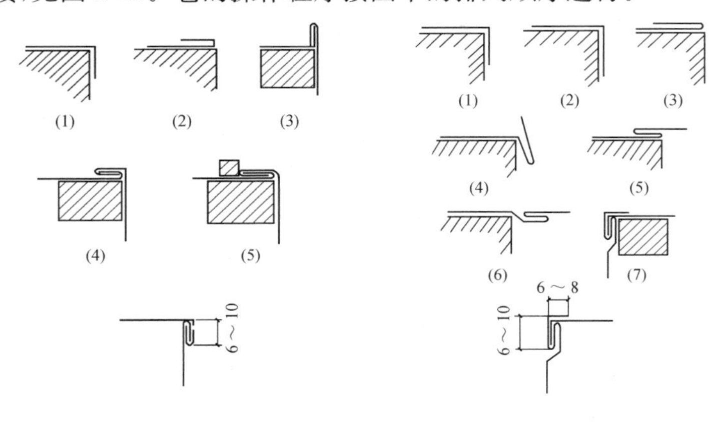

图 2-17　转角咬口(mm)　　图 2-18　联合角咬口(mm)

⑤按扣式咬口。

它主要用于矩形风管、弯管、三通管、四通管的咬接。按扣式咬口见图 2-19。

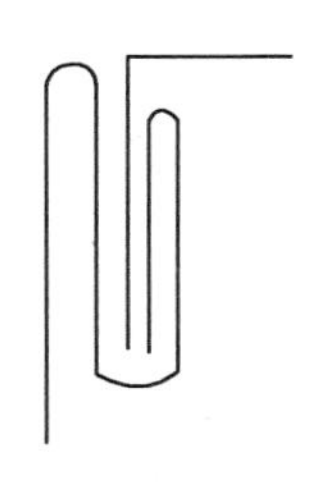

图 2-19　按扣式咬口

(2)铆接。

铆接主要适用于板厚或法兰与风管的连接，铆接操作时，先画线,定位置,然后钻孔,再进行铆接。铆钉直径的选择,一般为直径的 2 倍,长度约为 2 倍板厚加 2 倍铆钉直径。铆钉间距应按不同系统的要求来确定。铆钉要与平面垂直,铆实且排列要整齐美观。

(3)焊接。

风管和部件的加工制作也可以采用焊接连接。

焊缝形式有很多种,如板材的连接缝、横向缝、纵向闭合缝可采用对接缝焊法;矩形风管,部件纵向闭口缝、弯头、三通转角缝等,可用角缝焊法;搭接、扳边缝及搭接扳边角缝适用于较薄板材。焊接方法包括电焊、气焊、点焊、缝焊、锡焊等。

①电焊。它适用于板厚 1.2mm 以上风管和部件的焊接。其特点是焊接速度快,变形较小。缺点是板材较薄时,容易烧穿。

焊接操作时,应将被焊件表面清理干净,焊接处留 0.5～1mm间隙,焊时焊件对齐,点焊几处后,进行满焊。为了防止烧穿,还可采用搭接缝、搭接角缝的焊缝形式进行焊接。

②气焊。用于较薄板材的焊接。由于它加热面积大,加热时间长,因而焊接表面易变形。这种焊接方法,多在严密性要求较高的情况下采用。

③点焊和缝焊。主要用在风管的拼接和闭口缝上。它的操作主要是通过电加热和触头的压力将被焊件焊在一起。这两种焊接方法工效高,焊件表面平整,不变形,焊缝严密且牢固。

④锡焊。锡焊一般用在风管、部件翻边、咬口处不严密时,用锡焊来处理,但也有的部位要求进行锡焊的。锡焊用的电烙铁的形状、大小应根据焊接处的要求来选择。

操作时,先将烙铁镀上锡,加热后,将其表面处理干净,再放入氯化锌溶液中浸一下,再蘸上锡。焊时温度要合适,每次加热时,都应在溶液中浸一下,以保持其清洁,焊件也要清理干净,再涂上氯化锌溶液。焊接时,可先点焊后再连续焊,以保证锡焊质量。焊缝处要密实,从而确保其强度。

3. 金属风管制作

(1)工艺流程。

①咬口连接工艺流程(图 2-20)。

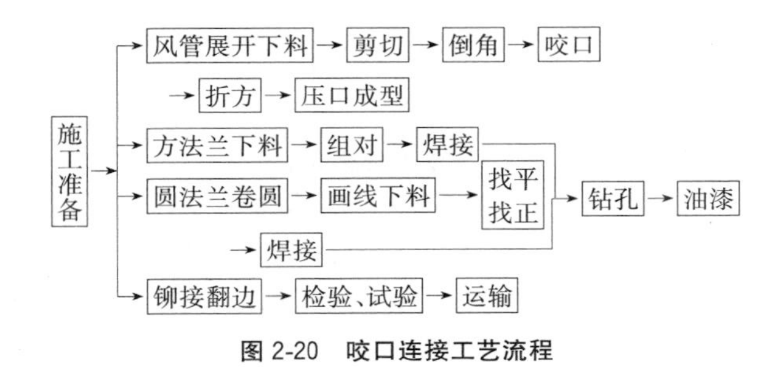

图 2-20　咬口连接工艺流程

②焊接连接工艺流程(图 2-21)。

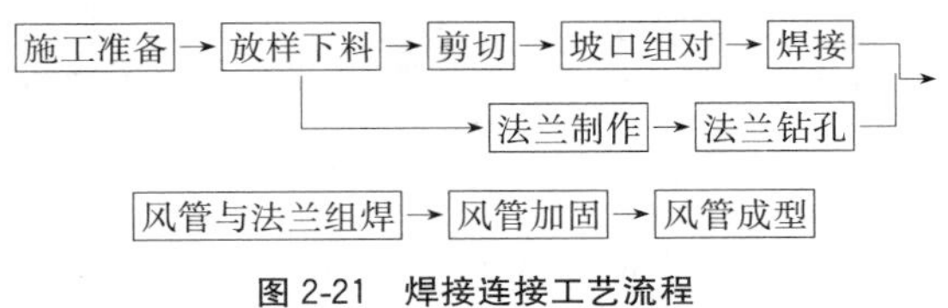

图 2-21　焊接连接工艺流程

(2)展开下料。

①风管尺寸的核定。根据设计要求、图纸会审纪要,结合现场实测数据绘制风管加工草图,并标明系统风量、风压测定孔的位置。

②风管展开。依照风管施工图(或放样图)把风管的表面形

状按实际的大小铺在板料上；展开方法有三种，即平行线展开法、放射线展开法和三角形展开法。

(3)剪切、倒角。

①板材剪切前必须进行下料复核，复核无误后按画线形状进行剪切。

②板材下料后在压口之前，必须用倒角机或剪刀进行倒角，倒角形状见图 2-22。

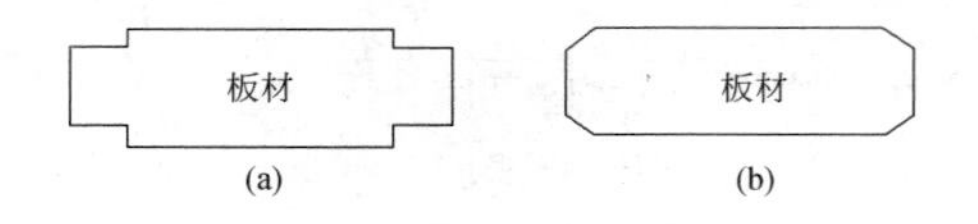

图 2-22 倒角形状示意图

(a)机械倒角；(b)手工倒角

(4)板材拼接。

①板材的拼接和圆形风管的闭合咬口可采用单咬口；矩形风管或配件的四角组合可采用转角咬口、联合角咬口、按扣式咬角；圆形弯管的组合可采用立咬口(图 2-23)。

图 2-23 咬口形式示意图

②咬口宽度和留量根据板材厚度而定，应符合表 2-4 的要求。咬口留量的大小、咬口宽度和重叠层数同使用机械有关。对单咬口、立咬口、转角咬口在第一块板上等于咬口宽，而在第二块板上是两倍宽，即咬口留量等于三倍咬口宽；联合角咬口在第一块板上为咬口宽，在第二块板上是三倍咬口宽，咬口留量就等于四倍咬口宽度。

表2-4　　咬口宽度　　（单位：mm）

<table>
<tr><th rowspan="2">咬口形式</th><th colspan="3">板厚</th></tr>
<tr><th>0.5～0.7</th><th>0.7～0.9</th><th>1.0～1.2</th></tr>
<tr><td>单咬口</td><td>6～8</td><td>8～10</td><td>10～12</td></tr>
<tr><td>立咬口</td><td>5～6</td><td>6～7</td><td>7～8</td></tr>
<tr><td>转角咬口</td><td>6～7</td><td>7～8</td><td>8～9</td></tr>
<tr><td>联合角咬口</td><td>3～9</td><td>9～10</td><td>10～11</td></tr>
<tr><td>按扣式咬口</td><td>12</td><td>12</td><td>12</td></tr>
</table>

③制作圆风管时，将咬口两端拍成圆弧状放在卷圆机上卷圆，操作时，手不得直接推送钢板。

④折方或卷圆后的钢板用合缝机或手工进行合缝。操作时，用力均匀，不宜过重。咬口缝结合应紧密，不得有胀裂和半咬口现象。

（5）法兰加工。

①法兰用料选择，应满足表2-5要求。

表2-5　　法兰用料规格　　（单位：mm）

<table>
<tr><th colspan="4">钢制法兰</th><th colspan="4">不锈钢和铝制圆形、矩形法兰</th></tr>
<tr><th rowspan="2">圆法兰
(D)</th><th rowspan="2">规格</th><th rowspan="2">方法兰
(长边b)</th><th rowspan="2">规格</th><th rowspan="2">法兰</th><th colspan="3">规格</th></tr>
<tr><th>不锈钢</th><th colspan="2">铝</th></tr>
<tr><td>≤140</td><td>−20×4</td><td>b≤630</td><td>∟25×3</td><td>D或L_{max} ≤280</td><td>−25×4</td><td>−30×6</td><td>∟30×4</td></tr>
<tr><td>140<D≤280</td><td>−25×4</td><td>630<b≤1500</td><td>∟30×3</td><td>D或L_{max} 320～560</td><td>−30×4</td><td>−35×8</td><td>∟35×4</td></tr>
</table>

续表

钢制法兰					不锈钢和铝制圆形、矩形法兰		
圆法兰(D)	规格	方法兰(长边b)	规格	法兰	规格		
					不锈钢	铝	
280<D≤630	∟25×3	1500<b≤2500	∟40×4	D或L_{max} 630～1000	—35×6	—40×10	—
630<D≤1250	∟30×4	2500<b≤4000	∟50×5	D或L_{max} 1120～2000	—40×8	—40×12	—
1250<D≤2000	∟40×4	—	—	—	—	—	—

②矩形风管法兰由四根角钢或扁钢组焊而成，画线下料时应注意使焊成后的法兰内径不能小于风管外径。用切割机切断角钢或扁钢，下料调直后用台钻加工。

中、低压系统，风管法兰的铆钉孔及螺栓孔的孔距不应大于150mm；高压系统，风管法兰的铆钉孔及螺栓孔的孔距不应大于100mm。

净化空调系统，当洁净度的等级为1～5级时，铆钉的孔距不应大于65mm；为6～9级时，铆钉的孔距不应大于100mm。

矩形法兰的四角部位必须设有螺栓孔。钻孔后的型钢放在焊接平台上进行焊接，焊接时用模具卡紧。

③加工圆形法兰时，先将整根角钢或扁钢在型钢卷圆机上卷成螺旋形状。将卷好后的型钢划线割开，逐个放在平台上找平找正，调整后进行焊接、钻孔，孔位应沿圆周均布，使各法兰可互换使用。

(6)风管法兰连接。

①风管与法兰铆接前先进行技术质量复核，将法兰套在风管上，管端留出6～9mm左右的翻边量，管中心线与法兰平面应

垂直，然后使用铆钉钳将风管与法兰铆固，并留出四周翻边。

②用钢铆钉，铆钉平头朝内、圆头在外，铆钉规格及铆钉孔尺寸见表2-6。

表2-6　风管法兰铆钉规格及铆钉孔尺寸　(单位：mm)

类型	风管规格	铆孔尺寸	铆钉规格
方法兰	120～630	ϕ4.5	$\phi4\times8$
	800～2000	ϕ5.5	$\phi5\times10$
圆法兰	200～500	ϕ4.5	$\phi4\times8$
	530～2000	ϕ5.5	$\phi5\times10$

风管法兰内侧的铆钉处应涂密封胶，涂胶前应清除铆钉处表面油污。

③风管翻边应平整并紧贴法兰，应剪去风管咬口部位多余的咬口层，并保留一层余量；翻边四角不得撕裂，翻拐角边时，应拍打为圆弧形；涂胶时，应适量、均匀，不得有堆积现象。

(7)风管无法兰连接。

无法兰连接风管的接口应采用机械加工，尺寸应正确、形状应规则，接口处应严密。无法兰矩形风管接口处的四角应有固定措施。金属风管无法兰连接可分为圆形风管和矩形风管两大类，其形式有十几种，但按结构原理可分为承插、插条、咬合、薄钢板法兰和混合式连接五种。风管无法兰连接与法兰连接一样，应满足严密、牢固的要求，不得有自行脱落、胀裂等缺陷。

①承插连接。直接承插连接，见图2-24。制作风管时，使风管的一端比另一端的尺寸略大，然后插入连接，插入深度大于30mm，用拉铆钉或自攻螺钉固定两节风管连接位置，在接口缝内或外沿涂抹密封胶，完成风管段的连接。这种连接形式结构最为简单，用料也最省，但接头刚度较差，所以仅用在断面较小的圆形风管上(低压风管，直径小于700mm)。

芯管承插连接，见图 2-25。利用芯管作为中间连接件，芯管两端分别插入两根风管实现连接，插入深度不小于20mm，然后用拉铆钉或自攻螺钉将风管和芯管连接段固定，并用密封胶将接缝封堵严密。这种连接方式一般都用在圆形风管和椭圆形风管上。

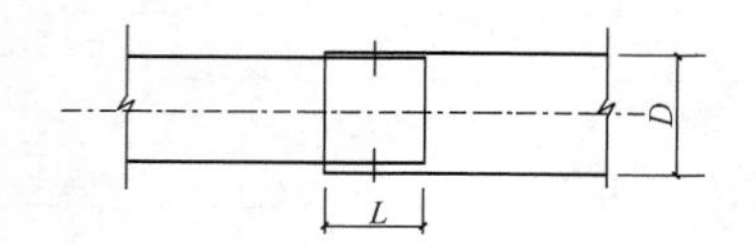

图 2-24　直接承插连接示意图
L—插入深度；D—风管直径

L
风管
内接管
自攻螺丝

图 2-25　芯管承插连接示意图
L—芯管长度

圆形风管芯管连接应符合表 2-7 的规定。

表 2-7　圆形风管连接芯管规格

<table>
<tr><th rowspan="2">风管直径 D (mm)</th><th rowspan="2">芯管长度 L(mm)</th><th rowspan="2">自攻螺栓或抽芯铆钉数量(个)</th><th colspan="2">外径允许偏差(mm)</th></tr>
<tr><th>圆管</th><th>芯管</th></tr>
<tr><td>120</td><td>120</td><td>3×2</td><td rowspan="2">−1～0</td><td rowspan="2">−4～−3</td></tr>
<tr><td>300</td><td>160</td><td>4×2</td></tr>
<tr><td>400</td><td>200</td><td>4×2</td><td rowspan="4">−2～0</td><td rowspan="4">−4～0</td></tr>
<tr><td>700</td><td>200</td><td>6×2</td></tr>
<tr><td>900</td><td>200</td><td>8×2</td></tr>
<tr><td>1000</td><td>200</td><td>8×2</td></tr>
</table>

②插条连接。C 形插条连接，见图 2-26。利用 C 形插条插入端头翻边 180°的两风管连接部位，将风管扣咬达到连接的目的，其中插条插入风管两对边和风管接口相等，另两对边各长 50mm 左右，使这两长边每头翻压 90°，盖压在另一插条端头上，

完成矩形风管的四个角定位，并用密封胶将接缝处堵严。这种连接方式多用于矩形风管。

S形插条连接，见图2-27。利用中间连接件S形插条，将要连接的两根风管的管端分别插入插条的两面槽内，四角处理方法同C形插条。因S形插条风管是轴向插入槽内，故必须采取预防风管与插条轴向分离措施，一般可采用拉铆钉、自攻螺钉固定，或两对边分别采用C形、S形插条混用的方法。S形插条均用于矩形风管连接。

图2-26　风管C形插条连接示意图　　图2-27　风管S形插条连接示意图

采用S形、C形插条连接时，风管最长边尺寸不得大于630mm，立咬口小于等于1000mm。

直角形插条连接，见图2-28。利用C形插条从中间外弯90°作连接件插入矩形风管主管平面与支管管端的连接。主管平面开洞，洞边四周翻边180°，翻边后净留孔尺寸刚好等于所连接支管断面尺寸，支管管端翻边180°，将需连接口对合后，四边分别插入已折90°的C形插条，四角处理同C形插条。

图2-28　风管直角形插条连接示意图　　图2-29　风管立咬口连接示意图

③咬合连接。立咬口连接，见图2-29。利用风管两头四个面分别折成一个90°和两个90°，形成两个折边或一公一母。连接时，将公端插顶到母端，然后将母端外折边翻压到公端翻边背

后，压紧后再用铆钉每间隔200mm左右铆上一颗。为了堵严并固定四角，在合口时四角各加上一个90°贴角，全部咬合完后，在咬口接缝处涂抹密封胶。一般都用于矩形风管连接。

包边立咬口连接，见图2-30。利用风管管头四边均翻一个垂直立边，然后利用一个公用包边将连接管头的两翻边合在一起并用铆钉完成紧固。风管连接四角和立咬口连接一样，需做贴角以保证风管四角刚度和密封。全部连接后，接缝处涂抹密封胶。一般都用于矩形风管连接。

④薄钢板法兰弹簧夹连接，见图2-31。矩形风管管端四面连接的铁皮法兰和风管不是一体，而是专门压制出来的空心法兰条，连接风管管端四个面，分别插到预制好的法兰插条内，插条和风管本体板的固定有的做成铆钉连接，也有的做成倒刺止退形式。风管四角插入90°贴角，以加强矩形风管的四角成型及密封。弹簧夹须用专用机械加工，连接接口密封除插入空心法兰和风管管端平面有密封胶条密封外，两法兰平面也需由密封胶条在连接时加以密封。

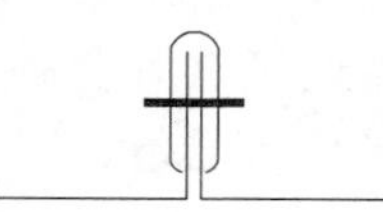

图2-30　风管包边立咬口连接示意图

图2-31　风管薄钢板法兰弹簧夹连接示意图

⑤混合连接。

a. 立联合角插条连接，见图2-32。利用一立咬平插条，将矩形风管连接两个头，分别采用立咬口和平插的方式连在一起。平插和立咬口连接处，均需用铆钉紧死。风管四角立咬口处加90°贴角，在平插处靠一对插条，两头长出另两个风管面20mm左右，压倒在齐平风管面的插条上，这种连接方式主要是改变平插条接头刚度较低的缺陷。咬口后的连接接缝处均需涂抹密封胶。

b. 铁皮法兰 C 形平插条连接，见图 2-33。这种连接方式是在矩形风管连接管端，利用 C 形插条连接时，在风管端部多翻出一个立面，相当于连接法兰，以增大风管连接处的刚度。在接头连接时，四角须加工成对贴角，以便插条延伸出角及加固风管四角定形。插条最终仍需在四角一头压另一头上去，并在接缝处涂抹密封胶。

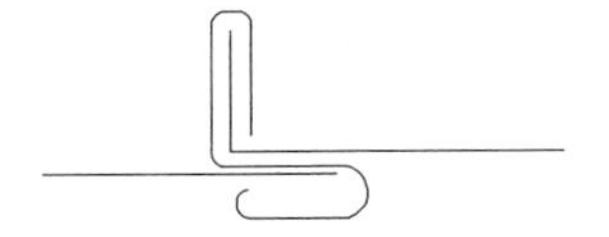

图 2-32　风管立联合角插条连接示意图

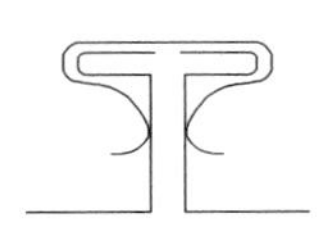

图 2-33　风管薄钢板法兰 C 形平插条连接示意图

(8)金属风管的焊接连接。

①当普通钢板的厚度大于 1.2mm，不锈钢板的厚度大于 1.0mm，铝板厚度大于 1.5mm 时，可采用焊接连接。

②制作风管和配件焊接接头的形式，见图 2-34。

③碳钢板风管焊接。碳钢板风管宜采用直流焊机焊接或气焊焊接。

焊接前，必须清除焊接端口处的污物、油迹、锈蚀。采用点焊或连续焊缝时，还需清除氧化物。对口应保持最小的缝隙，手工点焊定位处的焊瘤应及时清除。采用机械焊接方法时，电网电压的波动不能超过±10%。焊接后，应将焊缝及其附近区域的电极熔渣及残留的焊丝清除。

风管焊缝形式：对接焊缝适用于板材拼接或横向缝及纵向闭合缝；搭接焊缝适用于矩形或管件的纵向闭合缝或矩形弯头、

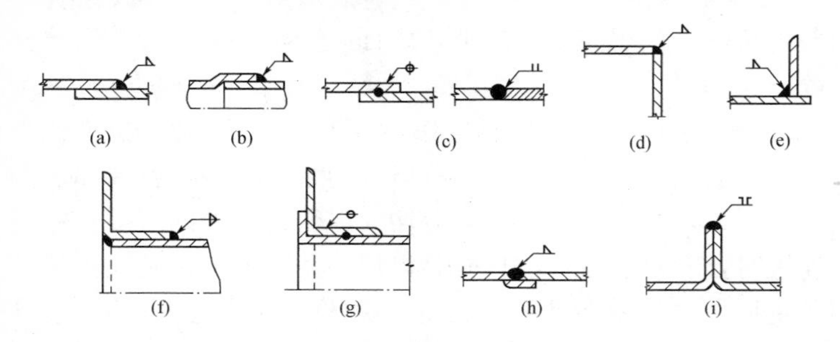

图 2-34　金属风管焊接接头形式

(a)圆形与矩形风管的纵缝；(b)圆形风管及配件的环缝；
(c)圆形风管法兰及配件的焊缝；(d)矩形风管配件及直缝的焊接；
(e)矩形风管法兰及配件的焊缝；(f)矩形与圆形风管法兰的定位焊；
(g)矩形风管法兰的焊接；(h)螺旋风管的焊接；
(i)风箱的焊接

三通的转向缝及圆形、矩形风管封头闭合缝。

④不锈钢板风管焊接。不锈钢板风管的焊接，可用非熔化极氩弧焊；当板材的厚度大于 1.2mm 时，可采用直流电焊机反极法进行焊接，但不得采用氧乙炔气焊焊接。焊条或焊丝材质应与母材相同，机械强度不应低于母材。

焊接前，应将焊缝区域的油脂、污物清除干净，以防止焊缝出现气孔、砂眼。清洗可用汽油、丙酮等进行。

用电弧焊焊接不锈钢时，应在焊缝的两侧表面涂上白垩粉，防止飞溅金属黏附在板材的表面，损伤板材。

焊接后，应注意清除焊缝处的熔渣，并用不锈钢丝刷或铜丝刷刷出金属光泽，再用酸洗膏进行酸洗钝化，最后用热水清洗干净。

风管应避免在风管焊缝及其边缘处开孔。

⑤铝板风管焊接。铝板风管的焊接宜采用氧乙炔气焊或氩弧焊，焊缝应牢固，不得有虚焊、穿孔等缺陷。

在焊接前，必须对铝制风管焊口处和焊丝上的氧化物及污物进行清理，并应在清除氧化膜后的 2～3h 内焊接结束，防止处理后的表面再度氧化。

在对口的过程中，要使焊口达到最小间隙，以避免焊穿。对于易焊穿的薄板，焊接须在铜垫板上进行。

当采用点焊或连续焊工艺焊接铝制风管时，必须首先进行试验，形成成熟的焊接工艺后，方可正式施焊。

焊接后应用热水清洗焊缝表面的焊渣、焊药等杂物。

（9）风管加固。

金属风管加固一般可采用楞筋、立筋、角钢、扁钢、加固筋和管内支撑等形式（图2-35）。

图 2-35　风管加固形式

（a）楞筋；（b）立筋；（c）角钢加固；（d）扁钢立加固；（e）加固筋；（f）管内支撑

（10）制作不锈钢及铝板风管的特殊要求。

①风管制作场地应铺设木板，工作之前必须把工作场地上的铁屑、杂物打扫干净。

②不锈钢板在放样画线时，不得用锋利的金属划针在板材表面画辅助线和冲眼，以免造成划痕。制作较复杂的管件时，应先做好样板，经复核无误后，再在不锈钢板表面套裁下料。

③不锈钢风管采用手工咬口制作时，应使用木方尺（木槌）、铜锤或不锈钢锤，不得使用碳素钢锤。由于不锈钢经过加工，其强度增加，韧性降低，材料发生硬化，因此手工拍制咬口时，注意不要拍反，尽量减少加工次数，以免使材料硬度增加，造成加工困难。

④剪切不锈钢板时，为了使切断的边缘保持光洁，应仔细调整好上下刀刃的间隙，刀刃间隙一般为板材厚度的0.04倍。

⑤在不锈钢板上钻孔时，应采用高速钢钻头，钻孔的切削速度约为普通钢的一半，最多不要超过 20m/s。

⑥不锈钢热煨法兰时应采用专用的加热设备加热，其温度应控制在1100～1200℃之间，煨弯温度不得低于 820℃。煨好后的法兰必须重新加热到 1100～1200℃，再在冷水中迅速冷却。

⑦铝制风管和配件板材应注意保护表面，制作时应用铅笔或记号笔画线，避免表面刻伤。

⑧铝制圆形法兰冷煨前，应将冷煨机辊轮擦拭干净，角铝采用贴牛皮纸保护，铝材上不得存有黄锈及其他污物。

(11)强度和严密性试验。

风管制作完成后，进行强度和严密性试验，对其工艺性能进行检测或验证。

①风管的强度应能满足在 1.5 倍工作压力下接缝处无开裂。

②用漏光法检测系统风管严密程度。采用一定强度的安全光源沿着被检测接口部位与接缝作缓慢移动，在另一侧进行观察，做好记录，对发现的条缝形漏光应做密封处理；当采用漏光法检测系统的严密性时，低压系统风管以每10m接缝，漏光点不大于 2 处，且 100m 接缝平均不大于 16 处为合格；中压系统风管每 10m 接缝，漏光点不大于 1 处，且 100m 接缝平均不大于 8 处为合格。

③系统漏风量测试可以整体或分段进行。测试时，被测系统的所有开口均应封闭，不应漏风。当漏风量超过设计和验收规范要求时，可用听、摸、观察、水或烟检漏，查出漏风部位，做好标记；修补完后，重新测试，直至合格。

4. 双面铝箔复合风管制作

（1）工艺流程（图 2-36）。

板材下料、成型 → 合口粘结、贴胶带 → 法兰下料粘结 → 管段打胶 → 风管加固 → 风管严密性检验

图 2-36　铝箔复合风管制作工艺流程

（2）板材下料、成型。

①铝箔复合保温风管的四面壁板可由一片整板切 3 个 90°豁口、2 个 45°边口折合粘结而成；也可由两片整板、四片整板切口、切边拼合粘结而成，见图 2-37。

②板材厚 20mm、板宽 1200mm、长度为 4000mm；当风管长边尺寸小于等于 1160mm 或风管两边之和小于等于1120mm，或三边（四边长度）之和小于等于 1080mm（1040mm）时，风管可按板材长度做成每节 4m，以减少管段接口。

③风管板材可以拼接，见图 2-38。当风管长边尺寸小于等于1600mm时，可切 45°角直接粘结，粘结后在接缝处双面贴铝箔胶带；当风管长边尺寸大于 1600mm 时，板材的拼接需采用"H"形专用连接件粘结，以增强拼接强度。

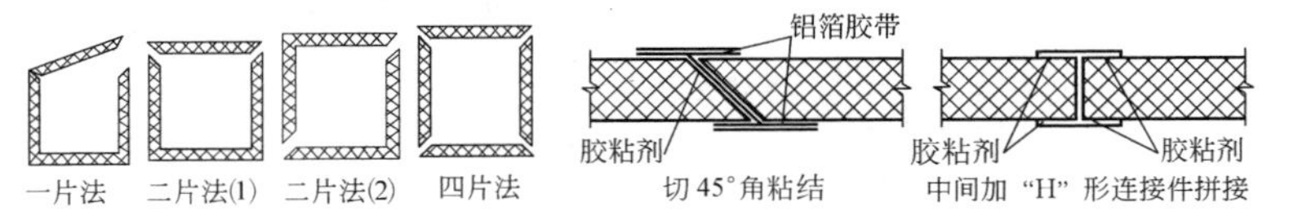

图 2-37　切口、切边成型　　图 2-38　风管板材拼接方式

④风管的三通、四通宜采用分隔式或分叉式；弯头、三通、四通、大小头的圆弧面或折线面应等分对称画线。风管每节管段（包括三通、弯头等管件）的两端面应平行，与管中线垂直。

⑤采用机械压弯成型制作风管弯头的圆弧面，其内弧半径

小于 150mm 时，轧压间距宜为 20～35mm；内弧半径为 150～300mm 时，轧压间距宜在 35～50mm 之间；内弧半径大于 300mm 时，轧压间距宜在 50～70mm 之间。轧压深度不宜超过 5mm。

⑥矩形弯管应采用内外同心弧型或内外同心折线型，曲率半径宜为一个平面边长；当采用其他形式的弯管（内外直角、内斜线外直角），平面边长大于500mm时应设置弯管导流片。导流片数量按平面边长 b 确定；当 1000mm≥b>500mm时设 1 片，设置在距内边 $b/3$ 处。当 1500mm≥b>1000mm 时设 2 片；当 b 大于 1500mm 时设 3 片，导流片设置的位置：第 1 片为 $b/2$ 处，第 2 片为 $b/4$ 处，第 3 片为 $b/8$ 处。

⑦导流片可采用 PVC 定型产品，也可由镀锌板弯压成圆弧，两端头翻边，铆到上下两块平行连接板上（连接板也可用镀锌板裁剪而成）组成导流板组。在已下好料的弯头平面板上画出安装位置线，在组合弯头时，将导流板组用胶粘剂同时粘上。导流板组的高度宜大于弯头管口 2mm，以使其连接更紧密。

(2)合口粘结、贴胶带。

①铝箔复合保温风管所用的胶粘剂应是板材厂商认定的专用胶粘剂。如另行采购品牌胶粘剂，必须做粘结效果对比试验，并经监理、板材厂商检查、认可后方可使用。

②矩形风管直管段，同一块板材粘结或几块板材组合拼接，均需准确，角线平直。风管组合前应清除板材切口表面的切割粉末、灰尘及杂物。在胶粘前需预组合，检查拼接缝全部贴合无误后再涂胶粘剂；粘结前的时间控制与季节温度、湿度及胶粘剂的性能有关，批量加工前应做样板试验，确定最佳合口时间。

③管段组合后，粘结成型的 45°角切边外部接缝，需贴铝箔胶带封合板材外壳面，每边宽度不小于 20mm。用角尺、钢卷尺

检查、调整垂直度及对角线，其偏差应符合规定，粘结组合后的管段应垂直摆放至定型后方可移动。

④风管的圆弧面或折线面，下完料、折压成弧线或折线后，应与平面板预组合无误后再涂胶粘结，以保证管件的几何形状尺寸。

(3)法兰下料粘结、管段打胶。

①法兰连接件下料后与风管端面粘结，检查法兰端面平面度及对角线，其偏差应符合规定。复合材料风管法兰与风管板材的连接应可靠，其保温层不得外露，不得采用降低板材强度和保温性能的连接方法。

②当复合风管组合定型后，风管四个内角的粘结缝及法兰连接件四角内边接缝处用密封胶封堵，使泡沫保温材料及胶粘剂不裸露。涂密封胶处，应清除油渍、水渍及灰尘、杂物。

③低、中压风管长边尺寸大于1500mm时，风管法兰宜采用金属材料。当风管采用金属法兰连接件时，其外露金属须采取措施防止冷桥结露。

矩形风管法兰主要连接形式及适用范围见表2-8。

表2-8　矩形复合风管法兰连接形式及适用范围　(单位:mm)

法兰主要连接形式		法兰材料	适用范围
槽形插接连接		PVC	低、中压风管长边尺寸 $b \leqslant 1500$mm
I形插接连接		PVC	低、中压风管长边尺寸 $b \leqslant 1500$mm
		铝合金	风管长边尺寸 $b > 1500$mm
H形连接法兰		PVC或铝合金	与阀部件及设备连接

④长边尺寸 b 大于或等于 630mm 的矩形风管在安装插接法兰时，宜在四角粘贴厚度大于或等于 0.5mm 的 90°镀锌垫片；直角垫片宽度应与风管板材厚度相等，垫片边长不小于 50mm。也可在插接法兰四角采用 PVC 加强件。

(4)风管加固。

①风管内、外支撑横向加固点数量及纵向加固间距见表 2-9。铝箔复合风管的法兰连接处可视为一个纵(横)向加固点。

表 2-9　双面铝箔复合风管横向加固数量(个)、纵向加固间距（单位：mm）

长边尺寸(mm) \ 压力(MPa)	<300	310~500	510~750	760~1000	1100~1250	1260~1500
410~630	—	—	—	1	1	1
640~800	—	1	1	1	1	1
810~1000	1	1	1	1	1	2
1010~1250	1	1	1	1	1	2
1260~1500	1	1	1	2	2	2
聚氨酯类纵向加固间距	1000	800	600			
酚醛类纵向加固间距	800		600			

注：风管长边尺寸 b 大于 1500mm 时，加固按厂家或设计的要求执行。

②风管的加固可采用角钢或 U 形、UC 形镀锌吊顶龙骨外加固或内支撑式加固。加固时应增加风管板面与加固点的接触面，使风管受风压后少变形、不胀开，见图 2-39。

图 2-39　风管内支撑加固

5. 硬聚氯乙烯风管制作

（1）工艺流程（图2-40）。

画线切割 → 板材坡口 → 加热成型 → 法兰制作 → 风管组配、加固 → 检验 → 存放

图2-40　硬聚氯乙烯风管制作工艺流程

（2）板材放样画线前，应留出收缩余量。每批板材加工前均应进行试验，确定焊缝收缩率。

（3）放样画线时，应根据设计图纸尺寸和板材规格，以及加热烘箱、加热机具等的具体情况，合理安排放样图形及焊接部位，应尽量减少切割和焊接工作量。

（4）展开画线时，应使用红铅笔或不伤板材表面软体笔进行。严禁用锋利金属针或锯条进行画线，不应使板材表面形成伤痕或折裂。

（5）严禁在圆形风管的管底设置纵焊缝。矩形风管底宽度小于板材宽度不应设置纵焊缝，管底宽度大于板材宽度，只能设置一条纵焊缝，并应尽量避免纵焊缝存在，焊缝应牢固、平整、光滑。

（6）用龙门剪床下料时，宜在常温下进行剪切，并应调整刀片间隙，板材在冬天气温较低时或板材杂质与再生材料掺合过重时，应将板材加热到30℃左右，才能进行剪切，防止材料碎裂。

（7）锯割时，应将板材紧贴在锯床表面上，均匀地沿割线移动，锯割的速度应控制在每分钟3m的范围内，防止材料过热，发生烧焦和粘住现象。切割时，宜用压缩空气进行冷却。

（8）板材厚度大于3mm时应开V形坡口；板材厚度大于5mm时应开双面V形坡口。坡口角度为50°～60°，留钝边1～

1.5mm，坡口间隙0.5～1mm。坡口的角度和尺寸应均匀一致，见图2-41。

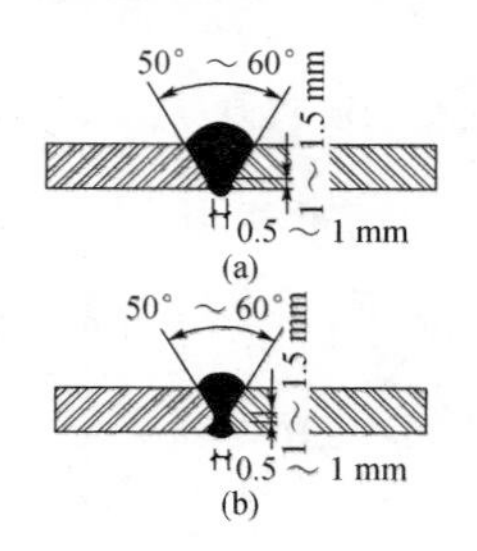

图2-41 坡口及焊缝形式
(a)板厚3～5mm；
(b)板厚3～8mm

(9)采用坡口机或砂轮机进行坡口时，应将坡口机或砂轮机底板和挡板调整到需要角度，先对样板进行坡口后，检查角度是否符合要求，确认准确无误后再进行大批量坡口加工。

(10)矩形风管加热成型时，不得用四周角焊成型，应四边加热折方成型。加热表面温度应控制在130～150℃，加热折方部位不得有焦黄、发白裂口。成型后不得有明显扭曲和翘角。

(11)矩形法兰制作。在硬聚氯乙烯板上按规格画好样板，尺寸应准确，对角线长度应一致，四角的外边应整齐。焊接成型时应用钢块等重物适当压住，防止塑料焊接变形，使法兰的表面保持平整。

(12)圆形法兰制作。应将聚氯乙烯按直径要求计算板条长度并放足热胀冷缩余料长度，用剪床或圆盘锯裁切成条形。圆形法兰宜采用两次热成形，第一次将加热成柔软状态的聚氯乙烯板煨成圈带，接头焊牢后，第二次再加热成柔软状态板体在胎具上压平校型。ϕ150mm以下法兰不宜热煨，可用车床加工。

(13)焊缝应填满，首根底焊条宜用ϕ2mm，表面多根焊条焊接应排列整齐，焊缝不得有焦黄断裂现象。焊缝强度不得低于母材强度的60%，焊条材质与板材相同。

(14)圆形风管一般不进行现场制作，购买成品风管即可。

6. 玻璃钢风管制作

（1）工艺流程（图 2-42）。

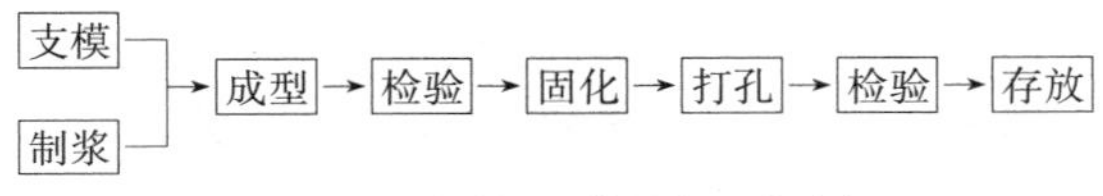

图 2-42　玻璃钢风管制作工艺流程

（2）风管制作，应在环境温度不低于 15℃的条件下进行。

（3）模具尺寸必须准确，结构坚固，制作风管时不变形，模具表面必须光洁。

（4）制作浆料宜采用拌合机拌合，人工拌合时必须保证拌合均匀，不得夹杂生料，浆料必须边拌边用，有结浆的浆料不得使用。

（5）敷设玻璃纤维布时，搭接宽度不应小于 50mm，接缝应错开。敷设时，每层必须铺平、拉紧，保证风管各部位厚度均匀，法兰处的玻璃纤维布应与风管连成一体。

（6）风管养护时不得有日光直接照射或雨淋，固化成型达到一定强度后方可脱模，脱模后应除去风管表面毛刺和尘渣。

（7）风管法兰钻眼应先画线、定位，再用电钻钻眼，钻眼后，除去表面毛刺和尘渣。

（8）风管存放地点应通风，不得日光直接照射、雨淋及潮湿。

7. 管部件制作

（1）风口的制作。

风口形式较多，按使用对象分，有通风系统风口和空调系统风口。通风系统中常用风口形成有圆形风管插板式送风口、旋转吹风口、单面或双面百叶送吸风口、矩形空气分布器等。空调系统中常用风口形式有侧送风口、散流器、孔板式送风口、喷射式送风口、旋转送风口及网式回风口等。

各类风口制作的基本要求有以下方面：

①风口制作外形尺寸与设计尺寸的允许偏差不应大于2mm；对矩形风口应做到四角方正，两对角线之差不应大于3mm；对圆形风口应做到各部分圆弧均匀一致，任意正交两直径的允许偏差不应大于 2mm。

②风口的转动调节部分灵活，叶片应平直，叶片与边框不得碰擦。

③风口一般明露于室内，风口外形严格要求美观，特别在高级民用建筑内。因此风口采用模具化生产，以达到表面平整，外形美观。

(2)风阀的制作。

通风与空调工程常用的阀门有：插板阀、多叶调节阀（平行式、对开式）、蝶阀、止回阀、防火阀、排烟阀、离心式风机启动阀等。各类风阀的制作均有标准图或设计单位的重复使用图作为依据，其中有零部件的详细尺寸。

①风阀制作的共同要求是牢固、尺寸准确，调节和制动装置灵活、可靠。

②制作时材料的选用按要求采取防腐措施，轴和轴承应采用铜或铜锡合金制造。

③用于防爆风机的圆形瓣式启动阀，其轴承用青铜制作，叶片用铝板制作。

④多叶阀的叶片应能贴合，且间距均匀、搭接一致。

⑤止回阀的转轴和铰链应用不锈蚀材料（如黄铜）制作，止回阀用于防火防爆时，应采用铝板制作。

⑥防爆系统的部件必须严格符合设计要求，其材料严禁代用。

⑦制作密闭式的斜插板阀，其插板与滑槽间应有一定间隙，且边缘平直光滑。

⑧各类风阀的外壳上应标出阀门开、闭方向。

(3)风帽的制作。

风帽是装在排风系统的末端，利用室内风压的作用，加强排风能力的一种自然通风装置，同时它可以防止雨雪流入风管或室内。

风帽形式有筒形、伞形和锥形三种，见图2-43。筒形风帽适用于自然排风系统；伞形风帽适用于一般机械排风系统；锥形风帽适用于除尘系统和非腐蚀性的有毒系统。

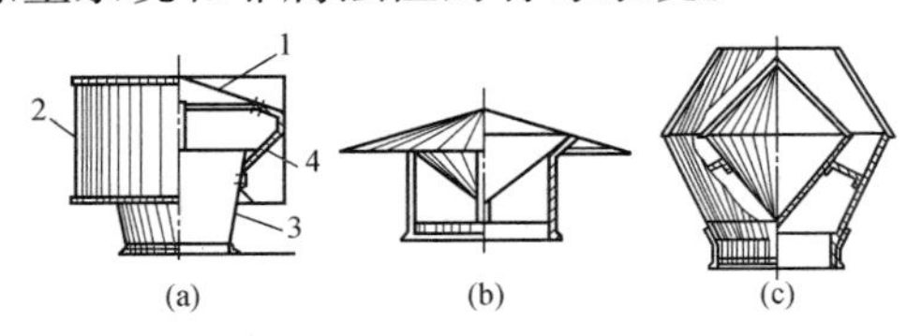

图2-43　风帽

(a)筒形风帽；(b)伞形风帽；(c)锥形风帽

1—伞形罩；2—筒形风帽的圆筒；3—扩散管；4—支撑

①最常用的是筒形风帽，它比伞形风帽多一个外圆筒，在室外风力作用下，风帽外圆筒内形成空气稀薄状态，促使室内空气经扩散管排至大气，风力越大，排气效率就越高。

筒形风帽的圆筒是一个圆形短管，规格较小时，两端可翻边卷铁丝加固；规格较大时，可用扁钢或角钢做箍进行加固。

扩散管可按圆形大小头加工，一端用翻边卷铁丝加固，一端铆上法兰，以便与风管连接。挡风圈也可按圆形大小头加工，大口可用卷边加固，小口用手锤錾出5mm的直边和扩散管点焊固定。

②伞形风帽可按圆锥形展开咬口制成。圆筒是一个圆形短

管，规格较小时，帽的两端可翻边卷铁丝加固；规格较大时，可用扁钢或角钢做箍进行加固。

③锥形风帽的内外锥体中心应同心，锥体组合的连接缝应顺水，下部排水应畅通。

支撑用扁钢制成，用以连接扩散管、外圆筒和伞形帽。风帽各部件加工完毕后，应刷好防锈底漆再进行装配。风帽装配形状应规则、牢固，与建筑物的预留孔应处理好，以免雨水渗漏。

(4)排气罩的制作。

排气罩是通风系统中的局部排气装置，在工业生产中应用较多，其形式主要有以下四种基本类型：

①密闭罩。密闭罩用于把生产有害物的局部地点完全密闭起来，见图 2-44(a)。

②外部排气罩。外部排气罩一般安装在产生有害物的附近，见图 2-44(b)。

③接受式局部排气罩。接受式排气罩须安装在有害物运动的上方或前方，见图 2-44(c)。

④吹吸式局部排气罩。吹吸式排气罩利用吹气气流将有害物吹向吸气口。制作排气罩时应符合设计或标准图集的要求，制作尺寸应准确，连接处应牢固，其外壳不应有尖锐边缘。对于带有回转或升降机构的排气罩，所有活动部件应动作灵活，操作方便，见图 2-44(d)。

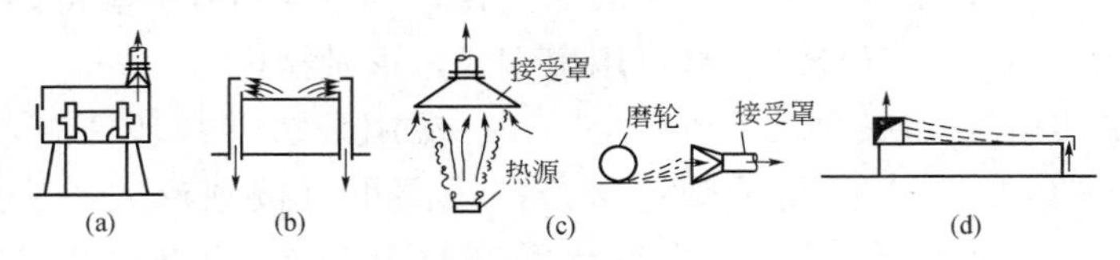

图 2-44　局部排气罩的基本类型

(a)密闭罩；(b)外部排气罩；(c)接受式局部排气罩；(d)吹吸式局部排气罩

(5)止回阀的制作。

在通风空调系统中,为防止通风机停止运转后气流倒流,常用止回阀。在正常情况下,通风机开动后,阀板在风压作用下会自动打开,通风机停止运转后,阀板自动关闭。

①根据管道形状不同,止回阀可分为圆形和矩形,还可按照止回阀在风管的位置,分为垂直式和水平式。

②在水平式止回阀的弯轴上装有可调整的坠锤,用来调节阀板,使其启闭灵活。

③止回阀的轴必须灵活,阀板关闭严密,铰链和转动轴应采用黄铜制作。

(6)柔性短管的制作。

柔性短管用于风管与设备(如风机)的连接,以便起伸缩、隔振、防噪声的作用。为了防止风机运转时的振动通过风管传到室内,所以要在通风机的入口和出口处,装设柔性短管,长度一般为150～250mm。

①柔性短管的材质应符合设计要求,一般通风系统的柔性短管都用帆布或人造革制成;输送腐蚀性气体的通风系统应用耐酸橡胶或软聚氯乙烯塑料布制成;输送潮湿空气或装于潮湿环境中时,则应采用涂胶帆布。

②制作帆布短管时,先把帆布按管径展开,并留出20～25mm的搭接量,用针线或用缝纫机把帆布缝成短管。然后再用1mm厚的条形镀锌薄钢板连同帆布短管铆接在风管的角钢法兰盘上。

③连接应紧密,铆钉距离一般为60～80mm。铆完帆布短管后,把伸出管端的薄钢板进行翻边,并向法兰平面敲平。

④防排烟系统柔性短管的制作必须使用不燃材料。

三、风管系统安装

1. 金属风管系统安装

一般通风空调工程系统的安装，应在土建主体工程、地坪完工以后进行。为了给通风系统的安装创造条件，在土建施工时，应派人配合土建做好孔洞预留和预埋件工作，以免安装时再打洞。对于较大的孔洞，会审图纸时应与土建图进行核对，土建图上已经准确标明的孔洞，应由土建单位负责。

(1)支架、吊架的安装。

风管的支架、吊架要根据现场情况和风管的重量，可采用圆钢、扁钢、角钢、槽钢制作，既要节约钢材，又要保证支架的强度、刚度。具体可参照国家标准图集。

①风管支架、吊架的设置应按国标图集、规范，并结合现场实际情况选用强度和刚度相适应的形式、规格和间距。

②支架、吊架不宜设置在风口、阀门、检查门及自控机构处，离风口或插接管的距离不宜小于 200mm。

③风管水平安装，直径或长边尺寸小于等于 400mm，支架、吊架间距不应大于 4m；直径或长边大于 400mm，支架、吊架间距不应大于 3m。螺旋风管的支架、吊架间距可分别延长至 5m 和 3.75m；对于薄钢板法兰的风管，其支架、吊架间距不应大于 3m。

④风管垂直安装，支架间距不应大于 4m，单根直管至少应有 2 个固定点。

⑤当水平悬吊的主、干风管长度超过 20m 时，应设置 1～2 个防止晃动的固定点。

⑥对于直径或边长大于 2500mm 的超宽、超重等特殊风管

的支架、吊架应按工程设计进行制作和安装。

⑦抱箍支架，折角应平直，抱箍应紧贴并箍紧风管。安装在支架上的圆形风管应设托座和抱箍，其圆弧应均匀，且与风管外径相一致。

⑧吊架的螺栓孔应采用机械加工，不得用气割。吊杆应平直，螺纹完好。安装后各支架、吊架受力应均匀，无明显变形。

风管或空调设备使用的可调隔振支架、吊架的拉伸量或压缩量，应按设计的要求进行调整。

⑨风管转弯处两端应加支架。

⑩干管上有较长的支管时，则支管上必须设置支架、吊架，以免干管承受支管的重量而造成损坏。

⑪风管与通风机、空调器及其他振动设备的连接处，应设置支架，以免设备承受风管的重量。

⑫在风管穿楼板和穿屋面处，应加固定支架，具体做法如设计无要求时，可参照标准图集。

⑬不锈钢板、铝板风管与碳素钢支架不能直接接触，应有隔绝或防腐绝缘措施。

⑭当风管有保温层时，支架、吊架上的钢件不能与金属风管直接接触，应在支架、吊架与风管间加垫与保温层同样厚度的防腐垫木。

(2)风管的连接。

①将预制好的风管、部件等，按系统送到现场，在安装地点按编号进行排列组对。

②风管的连接长度，应根据其材质、壁厚、法兰与风管的连接方式、风管配件部件情况和吊装方法等多方面的因素而定。

③为了安装方便，应尽量在地面上进行组对连接。

④在风管连接时应避免将法兰接口处装设在穿墙洞或楼板

洞内。

⑤风管接口的连接应严密、牢固。

⑥风管法兰的垫片材质应符合系统功能的要求，厚度不应小于 3mm。垫片不应凹入管内，亦不宜突出法兰外。

⑦法兰的垫料选用，如设计无明确规定时，可按下列要求选用：

a. 输送空气温度低于 70℃的风管，应用橡胶板、闭孔海绵橡胶板等。

b. 输送空气或烟气温度高于 70℃的风管，应用石棉绳或石棉橡胶板等。

c. 输送含有腐蚀性介质气体的风管，应用耐酸橡胶板或软聚氯乙烯板等。

d. 输送产生凝结水或含有蒸汽的潮湿空气的风管，应用橡胶板或闭孔海绵橡胶板。

e. 除尘系统的风管，应用橡胶板。

③法兰连接时，把两个法兰对正，穿上螺钉。紧固螺钉时，不要一个挨一个地拧紧，而应对称交叉逐步均匀地拧紧。拧紧螺钉后的法兰，其厚度差不要超过 2mm。螺帽应在法兰的同一侧。

(3)风管的安装。

①风管安装前，应检查支架、吊架等固定件的位置是否正确，生根是否牢固。

②滑轮或倒链一般可挂在梁、柱上。

③水平风管绑扎牢靠后，就可进行起吊。起吊时，使绳索受力均衡。当风管离地 200～300mm 时，应暂停起吊，再次检查滑轮的受力点和绳索、绳扣是否正常。如没有问题，再继续吊到安装高度，用已安装的支架、吊架把风管固定后，方可解开绳索。

④风管可用支架、吊架上的调节螺钉找正找平。

⑤对于不便悬挂滑轮、倒链或条件限制，不能进行整体吊装时，可将风管分节用麻绳拉到脚手架上，然后再抬到支架上对正法兰逐节进行安装。

⑥水平干管找平后，再进行立支管的安装。

⑦柔性短管的安装，应松紧适度，无明显扭曲。可伸缩性金属或非金属软风管的长度不宜超过 2m，并不应有死弯或塌凹。

⑧地沟内的风管和地上风管连接时，风管伸出地面的接口与地面的距离不要小于 200mm，以便保持风管内部清洁。

⑨风管与砖、混凝土风道的连接接口，应顺着气流方向插入，并应采取密封措施。

⑩安装过程中断时，露出的敞口应临时封闭，防止杂物落入。风管穿出屋面处应设有防雨装置，见图 2-45。

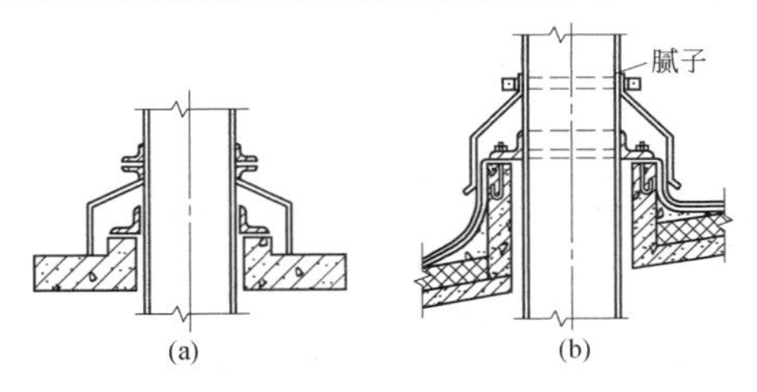

图 2-45　风管穿出屋面处的防雨装置

(a)平屋面做法；(b)坡屋面做法

⑪风管的连接应平直、不扭曲。明装风管水平安装，水平度的允许偏差为3/1000，总偏差不应大于 20mm。明装风管垂直安装，垂直度的允许偏差为2/1000，总偏差不应大于 20mm。暗装风管的位置，应正确、无明显偏差。对含有凝结水或其他液体的风管，坡度应符合设计要求，并在最低处设排水装置。

⑫现行规范规定，在风管穿过防火、防爆的墙体或楼板时，需要封闭处理，具体做法是设预埋管或防护套管，其钢板厚度不应小于 1.6mm。风管与防护套管之间，应用不燃且对人体无危害的柔性材料封堵。

⑬输送空气温度高于 80℃的风管，应按设计规定采取防护措施。

(4)固定接口的配管。

①当风管已经安装，与风管连接的设备已安装好时，风管与固定设备之间的连接管称为固定接口配管。

②固定接口配管往往是不规则的，制作应在现场实测后，在加工车间初步加工成型，其长度应比实测长度长 30～50mm，且两端的法兰不要铆上。

③现场预装配时，将此固定接口管段预装在要求的位置上，并将管段两端的活法兰和与相邻风管、设备上的固定法兰用螺栓临时连接，在固定接口管段上，画出法兰所在的理想位置，然后将固定接口管段取下。

④若用于配管的管段较长，可修剪至符合要求为止，再将法兰与风管铆接起来。

⑤若用于配管的管段长度不够，且风管偏位或转弯较大，也可以用软风管连接。

⑥若设备接口无法兰，配管时可用自攻螺钉将风管法兰加垫片后，再与设备连接起来。

(5)风管安装规定。

①风管内严禁其他管线穿越。

②输送含有易燃、易爆气体或安装在易燃、易爆环境的风管系统应有良好的接地，通过生活区或其他辅助生产房间时必须严密，并不得设置接口。

③室外立管的固定拉索严禁拉在避雷针或避雷网上。

④风管安装时应根据现场情况分别采用梯子、高凳或脚手架。高凳和脚手架必须轻便结实，脚手架搭设应稳定，脚手架上的脚手板用钢丝固定，防止翘头，避免发生高空坠落事件。在2m以上高处作业时，应系安全带。

(6)风阀安装。

①在送风机的入口，新风管、总回风管和送、回风支管上，均应设调节阀门。

②对于送、回风系统，应选用调节性能好且漏风量小的阀门，如多叶调节阀或带拉杆的三通调节阀。

③调节阀会增加风管系统的阻力和噪声，因此，风管上的调节阀应尽可能少设。

④对带拉杆的三通调节阀，只宜用于有送、回风的支管上，不宜用于大风管上。因为调节阀阀板承受的压力大，运行时阀门难以调节，且阀板容易变位。

⑤各类风阀应安装在便于操作及检修的部位，安装后的手动或电动操作装置应灵活、可靠，阀板关闭应保持严密。

⑥在安装前应检查其结构是否牢固，调节装置是否灵活。

⑦安装手动操纵的构件应设在便于操作的位置。

⑧安装在高处的风阀，要求距地面或平台 1～1.5m，以便操作。

⑨阀件的安装应注意阀件的操纵装置要便于操作，阀门的开闭方向及开启程度应在风管壁外，要有明显和准确的标志。

(7)风口安装。

①各类送、回风口一般是安装在顶棚或墙面上。风口安装常需要与装饰工程密切配合进行。

②风口与风管的连接应严密、牢固，与装饰面相紧贴；表面

平整、不变形，调节灵活、可靠。条形风口的安装，接缝处应衔接自然，无明显缝隙。

③同一厅室、房间内的相同风口的安装高度应一致，排列应整齐。

④明装无吊顶的风口，安装位置和标高偏差不应大于10mm。风口水平安装，水平度的偏差不应大于3/1000；风口垂直安装，垂直度的偏差不应大于2/1000。

⑤对于装在顶棚上的风口，应与顶棚平齐，并应与顶棚单独固定，不得固定在垂直风管上。风口与顶棚的固定宜用木框或轻质龙骨，顶棚的孔洞不得大于风口的外边尺寸。

(8)排气柜、罩的安装。

局部排气的柜、罩、吸气漏斗及连接管的安装，应在相关的生产设备安装好以后进行。安装时位置应正确，排列整齐，固定牢靠，外壳不应有尖锐的边缘。

(9)风帽的安装。

①风帽安装必须牢固，其连接风管与屋面或墙面的交接处不应渗水。

②有风管相连的风帽，可在室外沿墙绕过檐口伸出屋面，或在室内直接穿过屋面板伸出屋顶。风管安好后，应装设防雨罩，防止雨水沿风管漏入室内。

③风帽安装高度超出屋面1.5m时，应用镀锌钢丝或圆钢拉索固定，防止被风吹倒。

④拉索不应少于3根。拉索可在屋面板上预留的拉索座上固定。

⑤无连接风管的筒形风帽，可用法兰固定在屋面板上的混凝土底座上。当排送温度较高的空气时，为避免产生的凝结水滴入室内，应在底座下设滴水盘和排水装置。

(10)防火阀的安装。

防火阀和排烟阀是由经公安消防部门批准具有制造资格的厂家生产的,施工单位在现场只是负责安装。

①防火阀是防火阀、防火调节阀、防烟防火阀、防火风口的总称。防火阀与防火调节阀的区别在于后者的叶片开度可在 0～90°范围调节风量。

②防火阀的构造主要由阀壳、阀板、转轴、自锁机构、检查门、易熔片等组成。阀门的阀板式叶片由易熔片将其悬吊成水平或水平偏下 5°状态。防火阀平时在风管中处于常开状态。当火灾发生后,并且当流经防火阀的空气温度高于 70℃时,易熔片熔断,阀板或叶片靠重力自行下落,带动自锁簧片动作,使阀门关闭并自锁,即可防止火焰沿风管蔓延,从而起到防火作用。当需要重新开启阀门时,旋松自锁簧片前的螺栓,用操作杆摇起阀板或叶片,接好易熔片,摆正自锁簧片,旋紧螺栓,防火阀即恢复正常工作状态。

③防火阀、排烟阀(口)的安装方向、位置应正确。防火分区隔墙两侧的防火阀,距墙表面不应大于 200mm。

④防火阀在风管中的安装可分别采用吊架和支座,以保证防火阀的稳固。图 2-46 为较常用的防火阀的吊架安装。

⑤风管穿越防火墙时,除防火阀单独设吊架外,穿墙风管的管壁厚度要大于 1.6mm,安装后应在墙洞与防火阀间用水泥砂浆密封。

⑥风管穿越建筑物的变形缝时,在变形缝两侧应各设一个防火阀。穿越变形缝的风管中间设有挡板,穿墙风管一端设有固定挡板;穿墙风管与墙洞之间应保持 50mm 距离,其间用柔性非燃烧材料密封,变形缝处的防火阀安装见图 2-47。

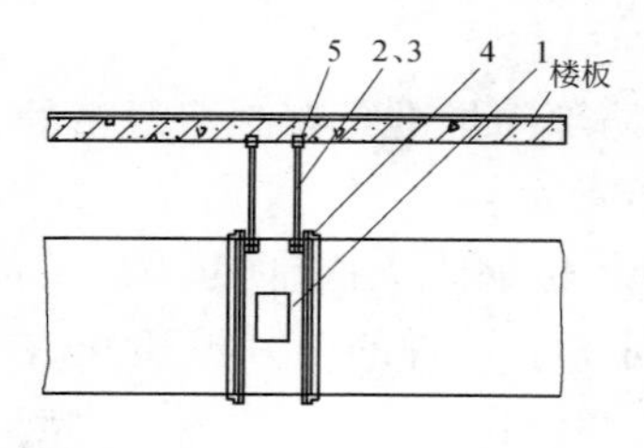

图 2-46 防火阀的吊架安装

1—防火阀；2、3—吊杆和螺母；
4—吊耳；5—楼板吊点

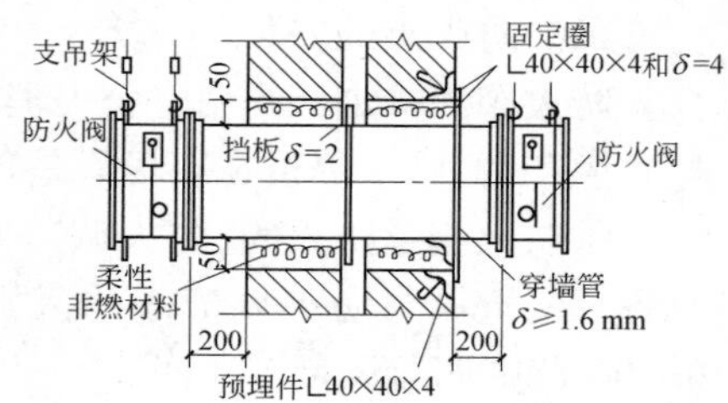

图 2-47 变形缝处的防火阀安装(mm)

(11)防火风口的安装。

①防火风口用于有防火要求的通风、空调系统的送风口、回风口及排风口处。防火风口由铝合金的风口与防火阀组合而成。

②风口可调节气流方向，防火阀可在 0°～90°范围内调节风量。发生火灾时，防火阀上的易熔片或易熔环受热达 70℃时熔化，使阀门关闭，阻止火势和烟气沿风管蔓延。

③防火风口的构造见图 2-48。

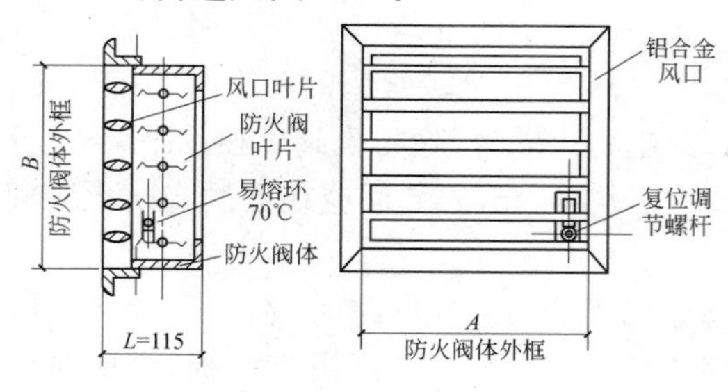

图 2-48 防火风口的构造

④在风管穿过防火、防爆的墙体或楼板时，需要封闭处理，具体做法是设预埋管或防护套管，其钢板厚度不应小于 1.6mm。

⑤风管与防护套管之间，应用不燃且对人体无危害的柔性材料封堵。

(12)排烟阀的安装。

①排烟阀常用于高层建筑、地下建筑的排烟管道系统中。当发生火灾时，人员的伤亡多数不是火焰烧灼，而是烟气引起的窒息和混乱造成的挤压践踏，因此，火灾初期的排烟是至关重要的。

②常用的排烟阀的产品包括：排烟阀、排烟防火阀、远控排烟阀、远控排烟防火阀等。

③排烟阀一般安装在排烟系统的风管上，平时阀的叶片关闭，当发生火灾时烟感探头发出火警信号时，由控制中心使排烟阀电磁铁的DC24V电源接通，叶片迅速打开(也可由人工手动将叶片打开)，排烟风机立即启动，进行排烟。排烟阀的构造与排烟防火阀相同，其区别是排烟阀无温度传感器。

④排烟防火阀安装的部位及叶片关闭与排烟阀相同，其区别是具有防火功能，当烟气温度达到280℃时，可通过温度传感器或手动将叶片关闭，切断烟气流动。因为当烟气温度达到280℃时，说明火焰已经逼近，排烟已没有意义，此时关闭排烟防火阀可以起到阻止火焰蔓延的作用。

总之，安装防火阀、排烟阀，不能掉以轻心，要认真阅读生产厂家的产品说明书，遵守设计、规范和厂家提出的有关安装要求。对于利用烟感器报警，由中央控制室自动发出关闭讯号，执行机构为电动或气动的防火阀、排烟防火阀，安装时要与有关工种密切配合。

2. 硬聚氯乙烯风管安装

硬氯聚乙烯风管的安装基本上和金属风管相同，但由于硬聚氯乙烯塑料的不耐高温、线膨胀系数大和强度较低的特性，在安装时的支架设置、风管连接、热膨胀的补偿等方面有一定要求。

(1)塑料风管的敷设。

①塑料风管安装时多数沿墙、柱和在楼板下敷设，一般以吊装为主，也可用托架，具体可参考金属风管的支架形式。为增加水平风管与支架、吊架的接触面积，风管与钢支架之间，应垫入厚度为3～5mm的塑料垫片，并用胶粘剂胶合。

②塑料风管受热后易产生变形，因此，水平风管的支架间距应比金属风管小些，一般为1.5～3m。垂直安装的风管，支架间距不应大于3m。塑料风管应与热源保持足够的距离，以防止风管受热变形。

③由于硬聚氯乙烯塑料线膨胀系数大，风管热胀冷缩现象较为明显，风管和支架的抱箍之间不能抱得太紧，应有一定的空隙，以利风管伸缩。

④低温环境下安装风管时，应注意风管性脆易裂，搬运风管要避免碰撞发生裂缝，堆放时要放平，且不要堆得太高，以免因局部受力过大而损坏。垂直吊装时，要防止风管摆动碰撞而发生破裂。

⑤风管两法兰面应平行、严密，连接时用厚度3～6mm的软聚氯乙烯塑料板作衬垫，法兰螺栓两侧应加镀锌垫圈。法兰螺栓应采用对称的方式均匀紧固。

⑥敷设在室外的塑料风管、风帽等构件，为减少太阳辐射的热量，表面可刷白色涂料或银粉漆。

⑦塑料风管上所用的支架、螺栓等金属附件，应根据生产车间的腐蚀情况，按设计要求刷防腐涂料。

(2)热膨胀的补偿和减振。

①硬聚氯乙烯塑料具有较大的线膨胀性，当风管的直管段

长度大于20m时，应按设计要求设置伸缩节，见图2-49。

②当直线管段较长伸缩量较大时，与之相连的支管应设软接头(图2-50)，以免直线管段的伸缩对支管造成影响。

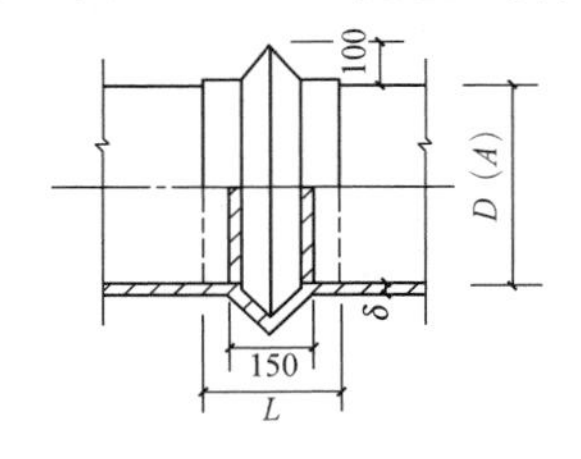

图2-49 伸缩节

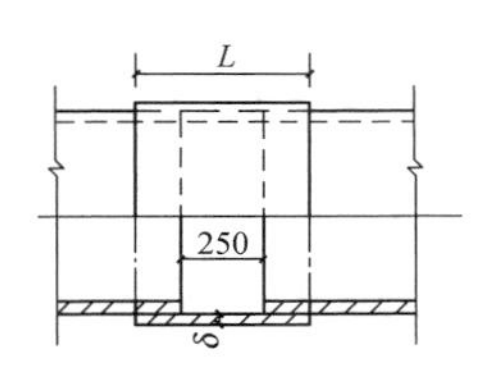

图2-50 软接头

③伸缩节和软接头可用厚度为2～6mm的软聚氯乙烯塑料板制作，具体尺寸见表2-10。

表2-10 伸缩节和软接头的尺寸 (单位：mm)

圆形风管直径 D	矩形网管周长 S	厚度 δ	伸缩节长度 L	软接头长度 L
100～280	520～960	2	230	330
320～900	1000～2800	3	270	370
1000～1600	3200～360	4	310	410
—	4000～5000	5	350	450
—	5400	6	390	490

④通风机进出口与塑料风管连接时，应设置用0.8～1mm厚的软塑料布制成的柔性短管，以减低风机振动引起的噪声，并避免刚性连接时塑料风管被振裂的可能。

(3)风管穿过墙壁和楼板的保护。

①风管穿过墙壁时，应用金属套管加以保护。套管和风管之间应能穿过风管的法兰及保温层，使塑料风管沿轴向能自由移动即可。

②钢制套管埋墙洞内，其表面应与墙面平齐，墙洞与套管之间应用耐酸水泥填塞，风管与套管之间用柔性材料填塞。

③风管穿过楼板时，如果土建的预留洞没有高出周围楼板的凸台保护圈，则必须设套管，套管至少应高出楼面 20mm 以上。

3. 玻璃钢风管安装

金属风管安装的一般性规定也适用于玻璃钢风管。此外，玻璃钢风管的安装尚需注意以下几点：

①风管不得有扭曲、树脂破裂、脱落及界皮分层等现象，破损处应及时修复。风管的连接法兰端面应平行，以保证连接严密。法兰螺栓两侧应加镀锌垫圈。

②支架的形式、宽度与间距应符合设计要求，并适当增加支架、吊架与水平风管的接触面积。

③支管的重量不得由干管来承受，必须自行设置支架、吊架。

④风管垂直安装，支架间距不应大于 3m。

4. 风管的防腐

通风空调管道及部件一般都用普通薄钢板制成，安装后，由于空气中的水分、灰尘及其他酸性、碱性物质附在金属表面而产生锈蚀。当输送含有酸、碱性介质的气体时，管道内表面也受到酸、碱的腐蚀。如风管不加防护，很快就会被腐蚀，甚至无法使用。

为了保护和延长通风设备、通风管道及部件的使用年限，首先应在设计时正确选用金属或非金属材料。镀锌钢板一般不需涂漆。如果风管材料是普通薄钢板，就要在风管表面喷涂或刷涂油漆作为保护层，防止或减缓风管的腐蚀。

(1)风管的表面处理。

油漆应能耐周围环境及气体腐蚀，并且要和风管表面结合牢固。金属表面各种杂物完全清除干净，清理后的表面应呈均匀的灰白色。风管表面处理一般采用人工除锈、机械除锈或喷砂除锈的方法。

①人工除锈适用于一般大气环境中的风管。风管表面的铁锈，可用钢丝刷、钢丝布或粗砂布除去，直到露出金属本色或紧密的氧化层，再用棉纱或破布擦拭干净。

②喷砂除锈一般用于化工环境中对防腐蚀要求较高、壁厚较厚的风管，并应在风管制作成形前进行。喷砂能去掉钢板上的旧油漆层、铁锈、氧化皮等。经喷砂的钢板表面粗糙而均匀，因而增加了油漆的附着力，有利于保证涂层的质量。

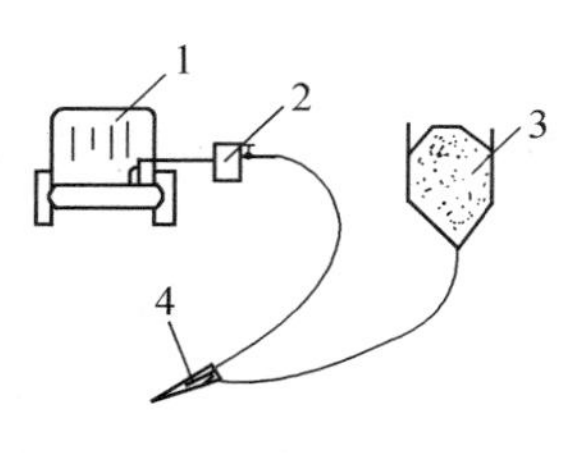

图 2-51　喷砂流程示意图

1—压缩机；2—油水分离器；3—砂斗；4—喷枪

施工现场使用的喷砂除锈装置较为简单，见图 2-51。

压缩空气的压力应保持在 0.35～0.4MPa（钢板较厚时，压力可为 0.4～0.6MPa）。喷砂所用的压缩空气不能含有水分和油脂。因此空气压缩机出口处，应装设油水分离器。

喷砂所用的砂粒，粒径要求为 1.5～2.5mm，且坚硬而有棱角，除应过筛除去泥土杂质外，还应经过干燥处理。

喷砂操作时，应顺气流方向，喷嘴与金属表面一般为 70°～80°夹角，喷嘴与金属表面的距离一般在 100～150mm 之间。经过喷砂的表面，要达到均匀的灰白色，表面不得有遗漏处。

喷砂处理的优点是质量好、效率高；但缺点是产生的灰尘太大，对周围环境造成污染。

施工操作人应戴防护面罩或风镜和口罩。经过喷砂处理后的风管表面，可用无油压缩空气进行吹扫干净，即可尽快进行涂刷底漆工作，不可久置。

（2）风管的涂漆。

①手工涂刷时，应往复、纵横交错涂刷，保证涂层均匀，漆膜连续无孔；喷漆是利用压缩空气为动力进行喷涂。

②油漆品种的选用和涂刷道数，应按设计确定。

③黑色金属常用的防锈漆有红丹油性防锈漆、红丹酚醛防锈漆、铁红醇酸底漆等，常用的面漆有酚醛漆、醇酸漆、沥青漆、过氯乙烯漆、醇酸耐热漆、环氧树脂漆等。

④红丹、铁红或黑类底漆、防锈漆只适用于涂刷黑色金属表面，而不适用于涂刷在铝、锌合金等轻金属表面。

⑤普通薄钢板在制作风管前，应预涂防锈漆一道。风管支架、吊架的底漆除与风管一致外，还应涂刷面漆。

⑥对于一般通风空调系统，薄钢板风管的油漆道数要求见表2-11。

表2-11　薄钢板风管的油漆

序号	风管类别	油漆道数
1	一般薄钢板风管	内表面涂防锈底漆2道； 外表面涂防锈底漆1道； 外表面涂面漆（调和漆等）2道
2	输送温度高于70℃的空气	内、外表面各涂耐热漆2道
3	输送含有粉尘的空气	内表面涂防锈底漆1道； 外表面涂防锈底漆1道； 外表面涂面漆2道
4	输送含有腐蚀性的气体	内外表面涂耐酸底漆2道以上； 内外表面涂耐酸面漆2道以上

⑦镀锌钢板用于一般空调系统，只要镀锌层不被破坏，可不涂防锈漆。如果镀锌层因受潮有泛白现象，或在加工中镀锌层

损坏以及在洁净工程中需要，则应涂刷防锈层。应采用锌黄类底漆，如锌黄酚醛防锈漆、锌黄醇酸防锈漆。锌黄能产生水溶性铁酸盐使金属表面钝化，具有良好保护性，对铝板、钢板的镀锌表面有较好的附着力。

⑧现场涂漆一般任其自然干燥，多层涂漆的间隔时间，应保证漆膜干燥。涂层未经干燥，不得进行下一工序施工。

5. 风管的保温

在空气调节系统中，为了保持经过空调器处理的空气的温度，减少系统的热量向外传递或外部热量传入系统中，降低系统运转时的能源损失，必须对风管采取保温技术措施。

(1)风管保温一般要求。

①空调风管的保温，应根据设计选用的保温材料和结构形式进行施工。为了达到较好的保温效果和控制工程成本，保温层的厚度不应超过设计厚度的 10％或低于设计厚度的 5％。

②保温的结构应结实、严密，外表平整，无张裂和松弛现象。

③风管的隔热层应平整密实，不能有裂缝、空隙等缺陷。当采用卷材或板材时，允许偏差为 5mm；采用涂抹或其他方式时，允许偏差为 10mm。

④防潮层(包括保温层的端部)应完整，且封闭良好，其搭接缝应顺水。

⑤隔热层采用粘结工艺时，粘结材料应均匀地涂刷在风管或空调设备的外表面上，使隔热层与风管或空调设备表面紧密贴合。

⑥隔热材料的纵向、横向接缝应该错开。当隔热层需要进行包扎或捆扎时，搭接处应均匀贴紧。

⑦对于无洁净要求的空调系统风管和空调设备的保温，如

选用卷材或散材时，其隔热层的厚度应均匀铺设，散材的密度适当，包扎牢固，不能有散材外露的缺陷。

⑧空调系统在风管内设置的电加热器前后各 800mm 范围内的隔热层和穿越防火墙两侧 2m 范围内风管的隔热层，必须采用不燃材料。一般常在这个范围采用石棉板进行保温。

⑨风管保温后，不应影响风阀的操作。风阀的启、闭必须标记清晰。

⑩风机盘管、诱导器和空调器与风管的接头处，以及容易产生凝结水的部位，其保温层不能遗漏。

(2)矩形风管岩棉或玻璃棉毡(板)保温钉固定施工。

把保温钉粘结在风管上，用保温钉来固定岩棉或玻璃棉毡(板)的保温结构，已在空调工程中广泛采用。

保温钉的材质有钢制或塑料两种。施工时应将风管外表面的油污、杂物擦干净，用胶粘剂把保温钉粘在风管表面。将岩棉或玻璃棉毡(板)铺在风管表面，使保温钉的尖端穿透保温毡(板)。塑料保温钉与垫片利用鱼刺形刺而自锁；铁质保温钉与垫片的固定，是把钉的端部搬倒。通过保温钉垫片的夹紧，保温毡(板)便固定在风管表面。保温钉的外形见图 2-52。

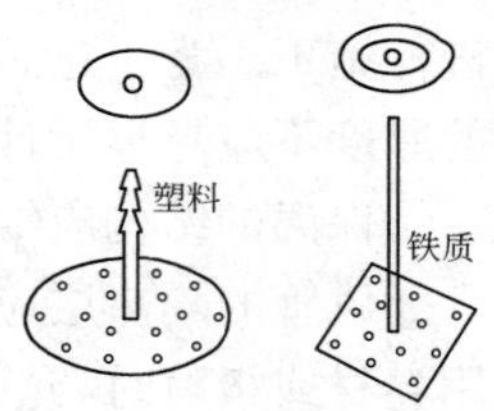

图 2-52　保温钉的外形

风管保温层采用保温钉连接固定时，应符合以下规定：

①保温钉与风管、部件及设备表面的连接，可采用粘结或焊接，结合应牢固，不得脱落；焊接后应保持风管的平整，并不应影响镀锌钢板的防腐性能。

②矩形风管或设备保温钉的分布应均匀，其数量底面每平方米不应少于 16 个，侧面不应少于 10 个，顶面不应少于 8 个。

首行保温钉至风管或保温材料边沿的距离应小于120mm。

③风管法兰部位的保温层的厚度，不应低于风管保温层的0.8倍。

④带有防潮隔汽层保温材料的拼缝处，应用胶粘带封严。胶粘带的宽度不应小于50mm。胶粘带应牢固地粘贴在防潮面层上，不得有胀裂和脱落。

⑤保温钉固定保温材料的结构形式见图2-53。

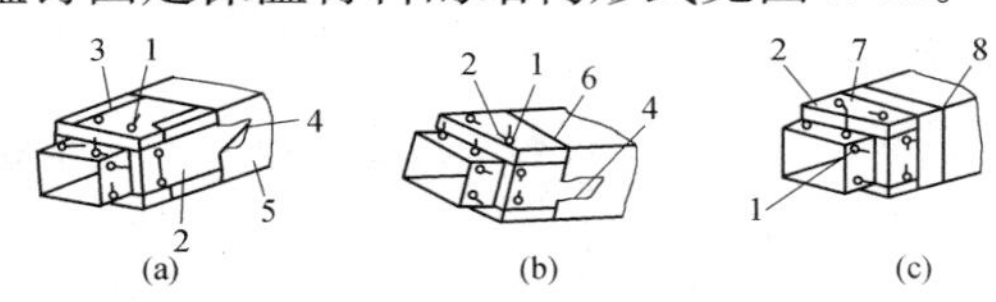

图2-53　保温钉固定保温材料的结构形式

(a)室内明装；(b)室内暗装；(c)室外安装

1—保温钉；2—保温材料；3—镀锌薄钢板框；

4—胶粘剂；5—面层(玻璃布)；6—铝箔玻璃布；

7—防水纸(或沥青油毡)；8—镀锌薄钢板

(3)矩形风管聚苯乙烯泡沫塑料板粘结保温施工。

聚苯乙烯泡沫塑料分自熄型和非自熄型两种。一般空调工程应采用具有防火特性的自熄型聚苯乙烯泡沫塑料板，在进行图纸会审和材料订货时必须加以明确。为避免日后运行存在隐患，在施工前必须对聚苯乙烯泡沫塑料板进行鉴定，鉴定的方法采用点燃法，如系自熄型聚苯乙烯泡沫塑料板，点燃后移开火源即熄火；相反，如系非自熄型聚苯乙烯泡沫塑料板，点燃后即使移开火源，仍可继续燃烧。

风管保温层采用粘结方法固定时，施工应符合下列规定：

①胶粘剂的性能应符合使用温度和环境卫生的要求，并与保温材料相匹配。如聚苯乙烯泡沫塑料板与风管的粘结，常采用树脂胶和热沥青。

②粘结材料宜均匀地涂在风管、部件或设备的外表面上，保温材料与风管、部件及设备表面应紧密贴合，无空隙。

③粘结时，要求塑料板拼搭整齐，小块的塑料保温板应放在风管上部。如保温层为双层时，小块塑料保温板应放在里面，大块板放在外面，以求美观。保温层的纵向、横向的接缝应错开。

④保温层粘贴后，如进行包扎或捆扎，包扎的搭接处应均匀、贴紧；捆扎应松紧适度，不得损坏保温层。

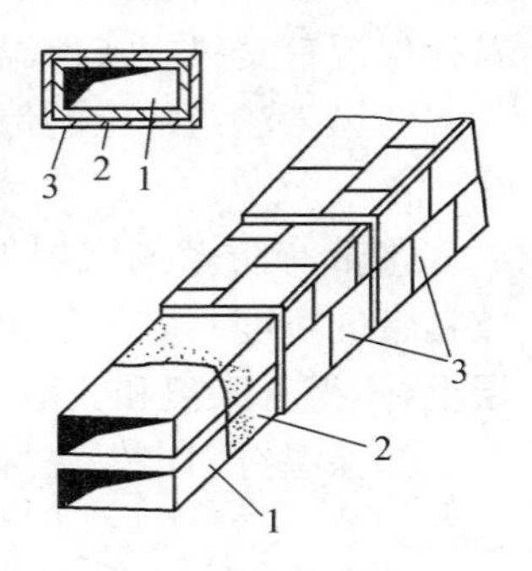

图 2-54 矩形风管聚苯乙烯泡沫塑料板粘结保温

1—风管；2—红丹防锈漆；3—泡沫塑料板

矩形风管聚苯乙烯泡沫塑料板粘结保温的结构见图 2-54。

四、通风与空调设备安装

1. 通风机安装

(1)工艺流程(图 2-55)。

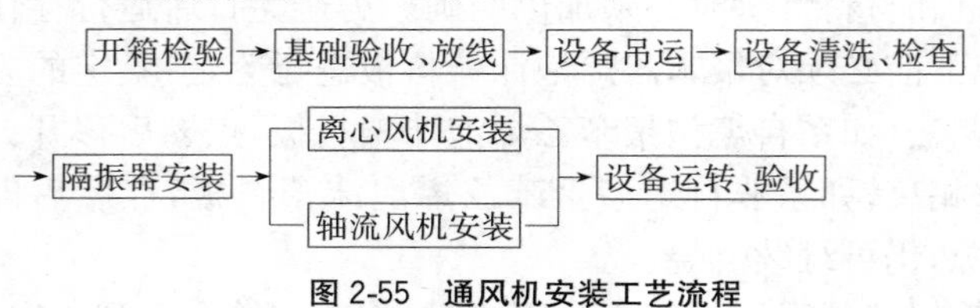

图 2-55 通风机安装工艺流程

(2)开箱检验。

①开箱后应根据设计图纸、设备装箱清单，认真核对设备的名称、型号、机号、传动方式；叶轮、机壳和其他部位的主要尺寸；

叶轮旋转方向和进出风口位置、方向等是否符合设计要求。

②检查设备有无缺损，表面有无损坏和锈蚀等；检查风机外露部分各加工面的防锈情况；检查叶轮与外壳有无擦碰、变形或严重锈蚀、碰伤等。

(3)通风机的安装。

①整体安装的风机，搬运和吊装的绳索应固定在风机轴承箱的两个受力环上或电机的受力环上，以及机壳侧面的法兰圆孔上，不得捆缚在转子和机壳或轴承盖的吊环上。与机壳边接触的绳索，在棱角处应垫好软物，防止绳索受力被棱边切断。

②现场组装的风机，绳索的捆缚不得损伤机件表面、转子。

③输送特殊介质的通风机转子和机壳内如涂有保护层，应严加保护，不得损伤。

④通风机的进风管、出风管应有单独的支撑。风管与风机连接时，不得强力对口，机壳不应承受其他机件的重量。

⑤通风机的传动装置外露部分应有防护罩；当通风机的进风口直通大气时，应加装保护网或采取其他安全措施。

⑥在通风机安装前，应对风机基础进行验收。地脚螺栓预留孔灌浆前，应清除杂物。灌浆使用细石混凝土，其强度等级应比基础的混凝土强度高一级，并应捣固密实，地脚螺栓不得歪斜。地脚螺栓除应带有垫圈外，并应有防松装置。

⑦安装隔振器的地面应平整，各组隔振器承受荷载的压缩量应均匀，高度误差应小于2mm，且不得偏心。通风机底座若不用隔振装置而直接安装在基础上，应用垫铁找平。

⑧电动机应水平安装在滑座上或固定在基础上，找正应以通风机为准，安装在室外的电动机应设防雨罩。

⑨现场组装的轴流风机，叶轮与主体风筒的间隙应均匀分

布，叶片安装角度应一致，并达到在同一平面内运转平稳的要求，水平度允许偏差为0.1%。

⑩通风机的叶轮经手动旋转后，每次都不应停留在原来的位置上，并不得擦碰机壳。

⑪风机的隔振支架、吊架的结构和尺寸应符合设计要求或设备技术文件规定，焊接要牢固。

(4)通风机试运转。

参见第六条“通风空调系统调试”相关内容。

(5)安装要点。

①通风机传动装置的外露部位以及直通大气的进、出口，必须装设防护罩(网)或采取其他安全设施。

②通风机的安装应符合下列规定：

a. 型号、规格应符合设计规定，其出口方向应正确。

b. 叶轮旋转应平稳，停转后不应每次停留在同一位置上。

c. 固定通风机的地脚螺栓应紧固，并有防松动措施。

③风机叶轮转子与机壳的组装位置应正确；叶轮进风口插入风机机壳进风口或密封圈的深度应符合设备技术文件的规定，或为叶轮外径值的1%。

④现场组装的轴流风机叶片安装角度应一致，达到在同一平面内运转，叶轮与筒体之间的间隙应均匀，安装水平允许偏差为0.1%。

⑤安装隔振器的地面应平整，各组隔振器承受荷载的压缩量应均匀，高度偏差应小于2mm。

⑥安装风机的隔振钢制支架、吊架，其结构形式和外形尺寸应符合设计、设备技术文件或标准图集的规定。焊接应牢固，焊缝应饱满、均匀。

2. 组合式空调机组与新风机安装

(1)工艺流程(图2-56)。

开箱检查 → 基础制作及验收 → 现场运输 → 设备就位调整 → 设备调试

图2-56　安装工艺流程

(2)开箱检查。

①开箱检查应在有关人员参加下进行,到场设备如有缺损或与要求不符的情况,应及时由厂家更换。

②开箱检查的内容包括:

a. 开箱前检查箱号、箱数以及包装情况。

b. 认真核对设备的名称、型号、规格和数量。

c. 核对装箱清单、设备技术文件、资料及专用工具。

d. 设备及附件应无缺损、表面锈蚀、变形等现象。

e. 手动盘车,检查风机叶轮与外壳有无擦碰。

(3)基础制作及验收。

①组合式空调机组的基础应采用混凝土平台,基础的位置、标高应符合设计要求,并考虑凝结水水封的高度及管道安装坡度。如设计无具体要求时,基础的长度及宽度宜按照设备的外形尺寸两侧各加100mm,基础面高度应高于机房地平面150～200mm。

②设备基础混凝土强度应符合设计规定,并应有验收记录。设备基础表面应进行清理,放置垫铁部位的表面应凿平。

③设备就位前,应按施工图和建筑物的轴线或边缘线及标高线,放出安装的基准线。

④互相有连接、衔接或排列关系的设备,应划定共同的安装基准线。

⑤组合式空调机组不宜直接落地安装,如无混凝土设计基

础时，应采用型钢制作设备基础。

(4)现场运输。

①大型设备的现场运输应按施工方案的要求进行，未经审批不得修改施工方案。

②设备水平运输时，需采取保护措施，防止设备磕碰。

③设备垂直运输时，对于裸装设备应在其吊耳或主梁上固定吊绳，整装设备根据受力点选好固定位置将吊绳稳固在外包装上起吊，吊装时应采取措施，保证人员及设备的安全。

(5)设备就位调整。

①设备置于基础上后，根据已确定的定位基准面、线或点，对设备进行找正、调平。

②组合式空调机组在安装前应先复查与设计图纸是否相符，机组各段是否齐全，各段内所安装的设备、部件是否完整无损。

③分段组装的组合式空调机组安装时，因各段连接部位螺栓孔大小、位置均相同，故需注意各段的排列顺序必须与图纸相符，安装前对各功能段进行编号，不得将各段位置排错。空调机组分左式和右式，判断方法为顺气流方向观察或按厂商说明书确定。

④空调机组组装时应从设备一端开始，逐一将各段抬上基座，校正位置后加衬垫，将相邻的两段用螺栓连接严密牢固，每连接一段须将其内部清理干净后方可继续安装。

⑤对于有喷淋段的空调机组组装时，首先安装喷淋段，再组装两侧的其他功能段。

⑥空调机组与供、回水管的连接应正确，且应符合产品技术说明的要求。无说明时，应保证空气与水流的逆流换热，冷热水一般均采用下进上出方式。

⑦密闭检查门及门框应平正、牢固，无滴漏，开关灵活；凝结水的引流管(槽)畅通，冷凝水排放管应有水封，与外管路连接应正确。

⑧组合式空调机组各功能段之间的连接应严密，连接完毕后无漏风、渗水、凝结水排放不畅或外溢等现象。

⑨安装完毕后，应将机组清理干净，机组内部应无杂物。

(6)设备调试。

①设备单机调试前，应对设备机房清扫干净，不得留有杂物。

②单机调试前，检查电气线路及控制装置，应符合《建筑电气工程施工质量验收规范》(GB 50303—2015)的有关要求。

③风机试运转及验收应符合《通风与空调工程施工质量验收规范》(GB 50243—2002)要求。

④除进行风机试运转外，还应对空调机组内冷凝水进行通水试验，以及冷热水管道的水压试验。

⑤现场组装的组合式空调机组应进行漏风检测。

3. 除尘系统安装

在各项防尘技术措施中，以通风除尘应用最广，是一项积极有效的防尘方法。通风除尘是利用抽风的办法，使局部排风罩内产生一定的负压，抽走尘源散发的粉尘，不使其外逸，然后经由通风管道、除尘器、通风机等，将含尘空气净化后排出。排风罩、通风管道、除尘器及通风机组成一个系统，即除尘系统，见图2-57。

(1)排风罩安装。

①排风罩离尘源要近，尽可能接近尘源。排风罩的罩口本身就是一个吸风口，它和送风用的吹风口所造成的气流运动规

律是不同的。从吹风口吹出的气流可以作用到很远的地方，而排风罩只有离罩口很近的范围内才有吸风效果。当吹风时，距出口 30 倍直径处的风速衰减到吹风口风速的 10%，当吸风时，仅仅距吸风口 1 倍直径处的风速就已降至吸风口风速的 5%。

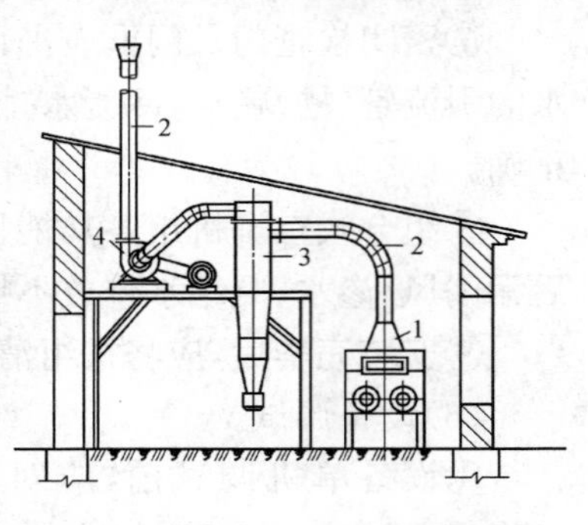

图 2-57 通风除尘系统示意图

1—排风罩；2—通风管道；3—除尘器；4—通风机

②安装排风罩时，使罩口顺着(对准)含尘气流运动的方向，这样就可以充分利用粉尘本身的动能，让它自行撞入罩内，以便用较小的排风量就能把粉尘吸走。

③要有足够的排(通)风量。要有效地控制粉尘的扩散，就必须在尘源处造成一定的吸入风速。对于某一个排风罩来说，要有足够的排风量才能畅通地将飞扬的粉尘吸入罩内。

④尽可能把尘源包容在罩内并密封起来。若必须留有检查门及工作孔时，应力求减小开口面积，这样可以减小排风量，且能提高排尘效果。

⑤制作排风罩的材料，要坚固耐用。一般情况可用镀锌薄板或普通薄钢板制作，在振动大、物料冲击力大或高温场合，就必须用 1.5～3mm 的较厚钢板制作；在有酸、碱或其他腐蚀性的场合，则需用塑料板制作。

⑥安装排风罩时，一定要考虑到便于操作，便于使用维修，不妨碍其他设备的运行。

(2)除尘风管安装。

①除尘风管宜明设，尽量避免在地沟内敷设，并宜垂直或倾

斜敷设，与水平面夹角应为 45°～60°，小坡度和水平管应尽量短。除尘系统吸入管段的调节阀，宜安装在垂直管段上。法兰垫片应用橡胶板。弯管的弯曲半径为管径的 1～2 倍。

②支风管应尽量从侧面或上部与主风管连接。三通的夹角一般取15°～30°。

③集合管式有水平式、垂直式，见图 2-58、图 2-59。水平集合管内风速取 3～4m/s，垂直集合管取 6～10m/s。枝状除尘风管宜垂直或倾斜布置，必须水平布置时，风管不宜过长，且风速要求较高。

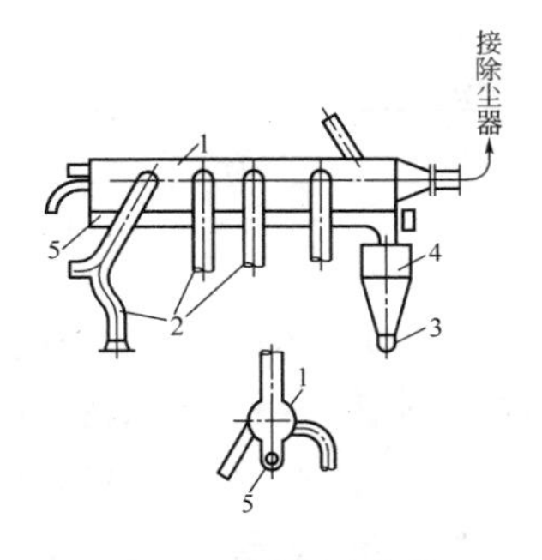

图 2-58　水平集合管

1—集合管；2—支风管；
3—泄尘阀；4—集尘箱；
5—螺旋输送机

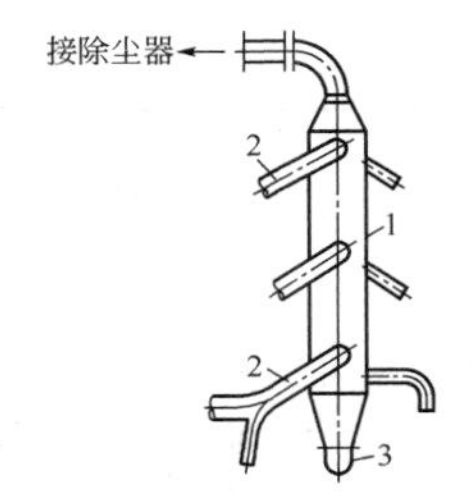

图 2-59　垂直集合管

1—集合管；2—支风管；
3—泄尘阀

④除尘器之后的风速以8～10m/s为宜。各支风管之间的不平衡压力差应小于 10%。

⑤在划分系统时要注意考虑排出粉尘的性质，如易燃性粉尘不能与烟气合用一个系统。

⑥输送有爆炸危险的气体时，可燃物的浓度应不在爆炸浓度的范围内（包括局部地点）；有爆炸危险的通风系统应远离火源，系统本身应避免火花的产生。

⑦输送有腐蚀性的气体时，钢板风管应涂防腐油漆，或者采用塑料或不锈钢风道。

⑧有可能发生静电积聚的除尘风管应进行接地措施。

⑨为清扫方便，在风管的适当部位应设清扫口。除尘系统风管厚度如设计无规定时，可按表 2-12 采用。

表 2-12　　除尘系统风管的厚度　　(单位：mm)

风管直径或长边尺寸	板材厚度	风管直径或长边尺寸	板材厚度
$D(b)\leqslant320$	1.5	$1000<D(b)\leqslant1250$	2.0
$320<D(b)\leqslant450$	1.5	$1250<D(b)\leqslant2000$	按设计
$450<D(b)\leqslant630$	2.0	$2000<D(b)\leqslant4000$	
$630<D(b)\leqslant1000$	2.0	—	—

(3)除尘器及其安装。

从气流中除去粉尘的设备称为除尘器，它是通风除尘系统中的重要组成部分。有些生产过程如原材料破碎、输送，粮食加工等，排出的尾气中所含的粉粒状物料是生产的产品或原料，必须进行回收。在这些部位，除尘器既是环保设备，又是生产设备。

①除尘器的型号、规格、进出口方向必须符合设计要求，安装前应认真阅读产品说明书，安装位置应正确、牢固平稳。现场组装的除尘器壳体应做漏风量检测，在设计工作压力下允许漏风率为 5%，其中离心式除尘器为 3%。

②除尘器的活动或转动部件的动作应灵活可靠。除尘器的排灰阀、卸料阀、排泥阀的安装应严密，并便于操作与维护修理。

③现场组装袋式除尘器。现场组装袋式除尘器的安装，应符合下列规定：

a. 外壳应严密，漏风量在允许范围内，布袋接口应牢固。

b. 分室反吹袋式除尘器的滤袋安装，必须平直，每条滤袋的拉紧力应保持在 25～35N/m；与滤袋连接接触的短管和袋帽，应无毛刺。

c. 机械回转扁袋袋式除尘器的旋臂，转动应灵活可靠，净气室上部的顶盖应密封，不漏气，旋转灵活，无卡阻现象。

d. 脉冲袋式除尘器的喷吹孔，应对准文氏管的中心，同心度允许偏差为 2mm。

e. 袋式除尘器的壳体及辅助设备接地应可靠。

④现场组装的静电除尘器。现场组装的静电除尘器的安装，应符合设备技术文件及下列规定：

a. 阳极板组合后的阳极排平面度允许偏差为 5mm，其对角线允许偏差为 10mm。

b. 阴极小框架组合后主平面的平面度允许偏差为5mm，其对角线允许偏差为 10mm。

c. 阴极大框架的整体平面度允许偏差为15mm，整体对角线允许偏差为 10mm。

d. 阳极板高度小于或等于 7m 的静电除尘器，阴、阳极间距允许偏差为5mm；阳极板高度大于 7m 的静电除尘器，阴、阳极间距允许偏差为 10mm。

e. 振打锤装置的固定，应可靠；振打锤的转动，应灵活；锤头方向应正确；振打锤头与振打砧之间应保持良好的线接触状态，接触长度应大于锤头厚度的 0.7 倍。

f. 静电除尘器的壳体及辅助设备接地应可靠。

五、空调制冷系统及水系统安装

1. 空调制冷系统安装

(1)工艺流程(图 2-60)。

安装准备 → 开箱检查 → 设备安装 → 管道除锈、防腐 → 管道及附件安装 → 系统吹污 → 系统气密性试验 → 系统抽真空试验 → 系统充注制冷剂 → 系统试运转

图 2-60 空调制冷系统安装工艺流程

(2)安装准备。

①按施工图进行设备基础验收。对管道位置、标高进行测量放线,并查找出支架、吊架预埋件。

②制冷系统的阀门,进场后应按设计要求对型号、规格、性能及技术参数进行核对检查,并按照规范要求做好清洗和强度、严密性试验。

(3)开箱检查。

①装箱单、设备合格证、设备说明书、检验记录、必要的装配图及其他技术文件应齐全。

②核对设备的规格、型号以及全部零件、部件、附属材料和专用工具。

③设备主体和零件、部件等表面无缺损和锈蚀等现象。

④设备填充的保护气体应无泄漏,油封完好。

⑤开箱检查后,设备应采取保护措施,并填写设备开箱检查记录,经各检验方签字。

(4)设备安装。

①设备的基础表面应平整,其位置、尺寸、标高、预留孔洞及预埋件等应符合设计要求,并在基础上测放安装基准线。当混凝土基础达到养护强度后方可安装。

②设备吊运前应核对设备重量,吊运应捆扎牢固,主要承力点应高于设备重心。吊装具有公共底座的机组,其受力点不得使机组底座产生扭曲、变形。吊索的转折处与设备接触部位,应采用软质材料作衬垫。设备的吊运必要时应编制吊装方案并经审批。

③需清洗的制冷设备宜在安装前完成,其清洗应按设备技术文件的要求进行。设备清洗后应采取保护措施。

④设备吊装到基础上后，根据安装基准线对设备进行找正与调平后固定牢固。需加隔振装置的设备，其隔振形式及安装应符合设计及设备技术文件的规定。

(5)钢管除锈。

①管径较大的钢管，可用人工或机械的方法清除钢管内壁的氧化皮等污物。人工除锈使用钢丝刷在钢管内往复拖拉。机械法除锈，则使钢丝刷在钢管内旋转。钢管内的铁锈污物清除后，用干净抹布蘸上煤油擦净，再用经干燥后的压缩空气吹扫钢管，然后将钢管端部用塑料布扎牢封存待用，防止再次产生锈蚀。

②管径较小的钢管及弯头等配件，可用干净的抹布蘸上煤油将其内壁擦净。

(6)铜管除污。管内如有尘物，可将棉纱头绑扎在钢丝上，浸上煤油，从铜管的两端分别穿入拉出，经多次拖拉直至洗净为止。

(7)管道防腐。

①防腐刷漆时，必须保持金属面干燥、洁净，漆膜附着良好，漆厚均匀，无遗漏。

②管道油漆的种类、遍数、颜色标记等应符合设计要求，如设计无要求，制冷管道(有色金属管道除外)的防腐可按表2-13的规定执行。

表2-13　　制冷管道防腐

管道种类		油漆类别	油漆遍数	颜色标记
低压系统	保温层以沥青为胶粘剂	沥青漆	2	蓝色
	保温层不以沥青为胶粘剂	防锈底漆	2	
高压系统		防锈底漆	2	红色
		色漆	2	

(8)支架安装。

按设计规定型式、标高、坡度及坡向,预制加工支架、吊架。需保温的管道与支架接触处应垫以保温衬垫或用经防腐处理的木垫隔开,其厚度应与保温层厚度相同。与设备连接的管段应单独设立支架、吊架,设备不得承受管道重量。支架、吊架的间距应符合设计及设备技术文件或规范要求。

(9)管道焊接安装。

①管道坡口。钢制管道焊接前,管端应加工坡口,V 形坡口的加工应符合表 2-14 的规定。

表 2-14　V 形坡口

图示	厚度 T (mm)	坡口尺寸		
		间隙 C(mm)	钝边 P(mm)	坡口角度 α(°)
	3～9	0～2.0	0～2	65～75
	9～26	0～3.0	0～3	55～65

管道的 V 形坡口,可采用各种类型的坡口机具加工。管端平面不应因坡口而出现偏斜,其允许偏差为管径的 1%,且不大于 2mm。坡口表面不能有裂纹和夹渣等现象。

②管道组对。组对前,应将管端内外的污物清除干净;管道施焊前必须认真组对,使其内外壁保持平齐;小管径管道组对时,应使用对口器;较大的管道组对时,可采用管端点焊角钢的方法,达到固定的作用。

③管道焊接。管道的焊接应确保焊条材质与母材相匹配。

组对好的接口先进行点焊,使两个管端相对位置固定,再拆除对口器进行施焊。点焊的数量应根据管径的大小,不少于 3 点,并在接口的周长上均匀分布。点焊使用的焊条和采用的工艺措施,应与正式施焊相同。

铜管焊接宜采用承插钎焊。采用承插焊接时，扩口方向应迎介质的流向。

氨系统管道的焊口检查应符合现行国家标准《工业金属管道工程施工》(GB 50235—2010)的规定。

(10)管道法兰安装。

①管道与法兰焊接要采用双面满焊，法兰面应与管道中心线垂直且同心。焊接时管道插入法兰深度以法兰厚度的1/2为宜，内口焊缝不允许超出法兰面。

②法兰对接应平行，其偏差不应大于其外径的0.15%，且不得大于2mm。法兰的密封面应平整、光洁，不得有毛刺和径向凹槽。

③法兰连接螺栓长度应一致且螺母在同侧，拧紧应均匀，拧紧螺母后，螺栓露出螺母长度宜为螺栓直径的1/3～2/3。

④法兰垫片应垫正，不得偏垫及采用多垫片。

(11)阀门安装。

①阀门安装前应对阀门规格、型号等进行复核，以免错装。

②阀门安装位置、方向应符合设计要求。带手柄的手动截止阀，其手柄不得向下安装。

③电磁阀、调节阀、热力膨胀阀、升降式止回阀等，阀头均应向上垂直安装。

④热力膨胀阀的感温包应装在蒸发器末端的回气管上，且应接触良好、绑扎紧密，并用保温材料密封包扎，其厚度与管道保温层相同。

⑤安全阀安装前，应检查铅封、合格证及定压测试报告，不得随意拆启。

(12)仪表安装。

①仪表安装前，应对其规格、型号以及刻度范围、表盘直径

等进行复核。

②仪表安装的位置应符合设计要求。

③弹簧管压力计应安装在便于观察和维修方便的地方，表盘应垂直于地面，取压管应有足够的长度。

④温度计在管道上安装时，温包部分应在管道的中心线上。

(13)系统吹污。

①管道安装后必须采用洁净干燥的空气对整个系统进行吹污，将残存在系统内部的铁屑、焊渣等杂物吹净。

②吹污前应选择在系统的最低点设排污口，采用压力0.6MPa的干燥空气或氮气进行吹扫；如系统管道较长，可采用几个排污口进行分段排污的方法进行。

(14)系统气密性试验。

①系统内污物吹净后，应对整个系统(包括设备、阀件)进行气密性试验。

②制冷剂为氨的系统，采用压缩空气进行试验。制冷剂为氟利昂的系统，采用瓶装压缩氮气进行试验；对于较大的制冷系统也可采用经干燥处理后的压缩空气充入系统进行试验。

③检漏方法。用肥皂水对系统所有焊口、阀门、法兰等连接部件进行仔细涂抹检漏。

④试验过程中如发现泄漏要做好标记，必须在泄压后进行检修，不得带压修补。

⑤在试验压力下保持 24h，前 6h 压力下降不大于0.03MPa，后 18h 除因环境温度变化而引起的误差外，压力无变化为合格。

⑥系统气密性试验压力应符合表 2-15 的要求。

表 2-15　　系统气密性试验压力　　(单位:MPa)

制冷剂	R717　R502	R22	R12　R134a	R11　R123
低压系统	1.8	1.8	1.2	0.3
高压系统	2.0	2.5	1.6	0.3

注:低压系统指节流阀起,经蒸发器到压缩机吸入口的试验压力;高压系统指自压缩机排出口起,经冷凝器到节流阀止的试验压力。

⑦溴化锂吸收式制冷系统的气密性试验应符合设备技术文件的规定,若无规定应符合如下要求:气密性试验正压试验为0.2MPa(表压)保持24h,压降不大于66.5Pa为合格。

(15)系统抽真空试验。

①真空试验的剩余压力,氟利昂制冷系统小于5.3kPa,氨制冷系统小于8kPa,保持24h,氟利昂系统压力回升不大于0.53kPa为合格,氨系统压力无变化为合格。

②溴化锂吸收式制冷系统真空试验应符合设备技术文件规定,若无规定应符合如下要求:真空气密性试验绝对压力应小于66.5Pa,持续24h,升压不大于25Pa为合格。

(16)系统充制冷剂。

①系统充制冷剂常采用两种方法,一种是由制冷压缩机低压吸气阀侧充灌制冷剂,另一种是在加液阀处充灌制冷剂。

②由制冷压缩机低压吸气阀侧充灌制冷剂。

先将制冷压缩机低压吸气阀逆时针方向旋转到底,关闭多用通道口,并拧下多用通道口上的丝堵,然后接上三通接头,一端接真空压力表,另一端通过紫铜管与制冷剂钢瓶连接。

稍打开制冷剂阀门,使紫铜管内充满制冷剂,再稍拧松三通接头上的接头螺母,将紫铜管内的空气排出。

拧紧接头螺母,并打开制冷剂钢瓶阀门,在磅秤上读出重量,做好记录。

将制冷压缩机低压吸气阀顺时针方向旋转，使多用通道和低压吸气端处于连通，制冷剂即可进入系统。

③在加液阀处充灌制冷剂。在充灌制冷剂时，除出液阀关闭外，其他阀门均应开启，操作方法与低压吸气阀侧充灌制冷剂相同。

④当系统压力升至 0.2MPa 时，应对系统再次进行检漏。

氨系统使用酚酞试纸，氟利昂系统使用卤素检漏仪。如有泄漏应在卸压后修理。氨系统必须将氨气排放干净，方可施焊补漏。

⑤可启动压缩机加速充入制冷剂，直至达到需要的制冷剂重量为止。

2. 空调水系统安装

(1)工艺流程(图 2-61)。

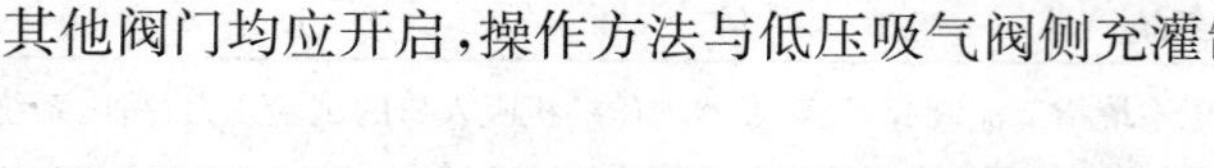

安装准备 → 设备安装

安装准备 → 预制加工 → 管道安装 → 管道试压 → 管道冲洗

图 2-61　空调水系统安装工艺流程

(2)安装准备。

①认真熟悉图纸、技术资料，明确工艺流程、施工程序及技术质量要求。

②参照有关专业设备图和建筑装修图，核对施工图中各种管道的坐标、标高是否有交叉，管道排列所用空间是否合理，预留、预埋套管尺寸、位置是否正确。

③冷却塔及其他设备应进行开箱检查，开箱后设备应采取保护措施，并填写设备开箱检查记录，经各检验方签字。

④阀门安装前，应按设计要求对型号、规格进行核对检查，并按照规范要求做好清洗和强度、严密性试验。

⑤碳素钢管及管件应将内、外壁铁锈及污物清除干净，除完锈后涂刷防锈漆并将管口封闭。

⑥按照设计规定，预制加工支架、吊架。保温管道的支架与管道接触应用经防腐处理的木垫隔开，木垫厚度应与保温层厚度相同。

(3)预制加工。

按经核对的施工图纸并结合现场实际，标注各管段安装长度，然后进行切断、打磨、坡口加工等工作。

(4)管道连接形式的选用。

管道连接形式应符合设计要求。如设计无要求，连接形式可按如下方法进行选用：

①镀锌钢管管径小于或等于100mm的应采用螺纹连接，管径大于100mm的镀锌钢管应采用法兰或卡箍式专用管件连接，镀锌层破坏处采用防腐处理或二次镀锌。

②当焊接钢管管径小于或等于32mm时，可采用螺纹连接，当管径大于32mm时采用焊接；无缝钢管均采用焊接。

③当给水钢塑复合管道管径不大于100mm时，可采用螺纹连接，当管径大于100mm时，采用法兰或沟槽连接。

④塑料管道可采用热熔连接、机械锁紧式连接、粘结连接、插接连接。

(5)管道螺纹连接。

①管道螺纹使用套丝机或套丝板加工。

②采用生料带或铅油麻丝作填料，管道连接后应将螺纹外的填料清除干净。

③螺纹应清洁、规整，断丝或缺丝不大于螺纹全扣数的10％；连接牢固，接口处根部外露螺纹为2～3扣，无外露填料；镀锌管道的镀锌层应注意保护，对局部的破损处，应做防腐

处理。

(6)管道焊接连接。

①管道对接焊口的组对和坡口形式等应符合表 2-16 规定，坡口应采用坡口机加工。

表 2-16 管道焊接坡口形式和尺寸

厚度 T（mm）	坡口名称	坡口形式	坡口尺寸			备注
			间隙 C（mm）	钝边 P（mm）	坡口角度 α(°)	
1～3	I形坡口	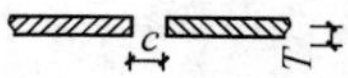	0～1.5	—	—	内壁错边量≤0.1T，且≤2mm；外壁≤3mm
3～6			1～2.5			
6～9	V形坡口	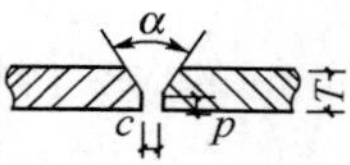	0～2.0	0～2	65～75	
9～26			0～3.0	0～3	55～65	
2～30	T形坡口	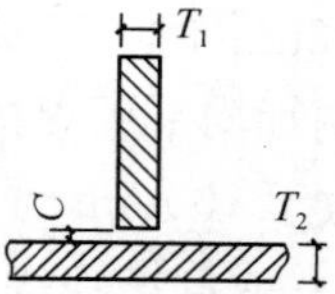	0～2.0	—	—	

②管径、壁厚相同的管子或管件对接口时，内壁应齐平；对口的平直度为1/100，全长不大于 10mm。

③管道的固定焊口应远离设备，且不宜与设备接口中心线相重合。管道对接焊缝与支架、吊架的距离应大于 50mm。

④管道焊缝表面应清理干净，并进行外观质量的检查。焊缝外观质量不得低于现行国家标准《现场设备、工业管道焊接工程施工规范》(GB 50236—2011)中第11.3.3条的Ⅳ级规定。

(7)管道法兰连接。

①管道与法兰焊接要双面满焊，法兰面应与管道中心线垂直，并同心。焊接时管道插入法兰深度以法兰厚度的1/2为宜，以便进行内口焊接，内口焊缝不允许超出法兰面。

②法兰对接应平行，其偏差不应大于其外径的1.5‰，且不得大于2mm。法兰的密封面应平整、光洁，不得有毛刺和径向凹槽。

③法兰连接螺栓长度应一致，螺母在同侧，均匀拧紧，螺栓紧固后不应低于螺母平面。

(8)管道沟槽连接。

①检查加工好的钢管端部，应无裂纹、凸起、压痕及毛边，检查密封圈是否变形，安装过程中要使用润滑剂或肥皂水均匀涂在垫圈边缘及外侧。

②管端到凹槽之间的管道要光滑，如有油漆、铁屑、污物、碎片和铁锈等杂质必须除去。

③把密封圈套在钢管末端，并保证密封圈边缘不超出管道末端。

④把两管和管件对接在一条直线上，两端对接，然后移动密封圈，使之到两沟槽间的中心位置，不能盖住或挡住沟槽，密封圈不应偏向任何一边。

⑤把管箍合在密封圈上并确保接头边缘在沟槽内。

⑥插上螺栓，然后套上螺母，均匀地拧紧两边螺母，使接头两端口紧密结合在一起。

(9)管道试压。

管道安装后，应根据系统的大小采取分区、分层试压和系统试压相结合的方法。对于大型或高层建筑垂直位差较大的冷(热)媒水、冷却水管道系统宜采用分区、分层试压和系统试压相结合的方法。一般建筑可采用系统试压方法。

①管网注水点应设在管段的最低处，由低向高将各个用水的管末端封堵，关闭入口总阀门和所有泄水阀门及低处泄水阀门，打开各分路及主管阀门，水压试验时不连接配水器具。注水时打开系统排气阀，排净空气后将其关闭。

②充满水后进行加压，升压采用试压泵。冷热水、冷却水系统的试验压力，当工作压力小于等于1.0MPa时，为1.5倍工作压力，但最低不小于0.6MPa；当工作压力大于1.0MPa时，为工作压力加0.5MPa。

③分区、分层试压。对相对独立的局部区域的管道进行试压。在试验压力下，稳压10min，压力不得下降，再将压力降至工作压力，在60min内压力不得下降，外观检查无渗漏为合格。

④系统试压。在各分区管道与系统主、干管全部连通后，对整个系统的管道进行系统的试压。试验压力以最低点的压力为准，但最低点的压力不得超过管道与组成件的承受压力。压力试验升至试验压力后，稳压10min，压力下降不得大于0.02MPa，再将系统压力降至工作压力，外观检查无渗漏为合格。

⑤系统如有漏水则在该处做好标记，泄压后进行修理，修好后再充满水进行试压。对起伏较大和管线较长的试验管段，可在管段最高处进行2～3次充水排气，确保充分排气。

⑥水压试验合格后把水泄净。

⑦试压合格后应尽快联系相关人员验收签认，办理相关手续。

(10)管道冲洗。

①冲洗前应根据系统的具体情况制定冲洗方案，保证不将冲洗的污物冲入冷水机组和空调的末端装置内。

②管道冲洗进水口及排水口应选择适当位置，并能保证将

管道系统内的杂物冲洗干净为宜。排水管截面积不应小于被冲洗管道截面的60%,排水管应接至排水井或排水沟内。

③管道系统在验收前,应进行通水冲洗。冲洗水流速不应小于1.5m/s,冲洗时应不留死角,系统最低点应设放水口,冲洗时,直到出口处的水色和透明度与入口处目测一致为合格。

(11)设备的搬运和吊装。

①现场放置设备,应用衬垫将设备垫平。

②吊运前应核对设备重量,吊运捆扎应稳固,主要承力点应高于设备重心。

③吊装具有公共底座的机组,其受力点不得使机组底座产生扭曲和变形。

④吊索与设备接触部位,应采用软质材料衬垫。

(12)冷却塔安装。

①冷却塔安装应平稳,地脚螺栓的固定应牢固。

②冷却塔的出水管口及喷嘴的方向和位置应正确,布水均匀。有转动布水器的冷却塔,其转动部分必须灵活,喷水出口宜向下与水平呈30°夹角,且方向一致,不应垂直向下。

③玻璃钢冷却塔和用塑料制品作填料的冷却塔,安装应严格执行防火规定。

(13)水泵安装。空调水系统中的水泵安装按有关施工规范、标准执行。

六、通风空调系统调试

1. 试运转及调试准备

(1)进行试运转及调试的条件。

①通风空调系统安装工作完成后,各分部、分项工程应经建

设单位和监理单位对工程质量进行检查,并确认工程质量符合施工质量验收规范的要求。

②制定系统试运转方案及工作进度计划,组织好试运转技术队伍,并明确建设单位、监理单位和施工单位现场负责人及各专业技术负责人,以便于工作的协调和解决试运转及调试过程中可能出现的技术问题。

③熟悉与试运转、调试有关的设计资料及设备资料,对设备的性能及技术资料中的主要参数应有清楚的了解。

④试运转及调试期间所需的水、电、蒸汽及压缩空气等的供应,应能满足使用的条件。

⑤在试运转及调试期间所需要的人员、仪器仪表、设备、物资应按计划进入现场。

⑥通风空调系统所在场地的土建施工应完工,门、窗齐全,场地应清扫干净。

(2)通风空调设备及风管系统的准备。

①检查通风空调设备和风管系统的安装是否已经完成,有无尚未整改的缺陷。

②空调器和通风管道内应打扫干净。检查风量调节阀、防火阀及防火排烟阀的开启状态是否符合要求。检查和调整送风口和回风口(或排风口)内的风阀、叶片的开度和角度。

③检查空调器内其他附属部件的安装状态,使其达到正常使用条件。

④设备应进行清洗的,按技术要求进行清洗。运转设备的轴承部位及需要润滑的部位,添加适当的润滑剂。

(3)管道系统的准备。

管道系统的准备主要包括制冷管道系统的准备和冷却水、冷冻水、蒸汽或热水等管道系统的准备。因不属于通风工的范围，不再介绍。

(4)电气控制系统的准备。

在试运转及调试方案中应有具体规定，不属于通风工的范围，在此不作介绍。

(5)自动调节系统的准备。

对敏感元件、调节器及调节执行机构等进行安装后的检查，确认安装及接线(或接管)正确，零件、附件齐备；自动调节装置的性能经校验后，应达到有关规定的要求；检查一、二次仪表的接线和配管，应正确无误；自动调节系统应进行模拟动作试验。

2. 设备单机试车

对于整个空调系统而言，有风机的试运转、空调用冷冻水水泵的试运转、冷水机组用冷却水水泵的试运转、冷却塔的试运转、空调制冷设备的试运转等，这里仅对通风工工作范围内的风机试运转作介绍。

(1)试运转前的准备与检查。

①对风机进行外观检查，核对风机、电动机型号规格及皮带轮直径是否与设计相符。

②检查风机、电动机的皮带轮(联轴器)的中心是否在一条直线上，地脚螺栓是否拧紧。

③传动皮带松紧程度是否适度。皮带过紧易于磨损，同时增加电机负荷；皮带过松会在皮带轮上打滑，降低效率，使风量和风压达不到要求。

④轴承箱应清洗并应在检查合格后，方可加注润滑油，润滑油的种类和数量应符合设备技术文件的规定。

⑤检查风机进出口处的柔性短管是否严密。

⑥电机的转向应与风机的转向相符。用手盘车时，风机叶

轮应无卡碰现象。

⑦检查风机调节阀门，启闭应灵活，定位装置应可靠。应关闭进气调节门。

⑧检查电机、风机、风管接地线，连接应可靠。

(2)风管系统的风阀、风口检查。

①关好空调器上的检查门和风管上的检查人孔门。

②干管及支管上的多叶调节阀应全开；如有三通调节阀应调到中间位置。

③送、回(排)风口的调节阀全部开启。

④风管系统中的防火阀应置于开启位置。

⑤新风及一、二次回风口，加热器前的调节阀开启到最大位置；加热器的旁通阀应处于关闭状态。

(3)风机的启动与运转。

①点动电动机，各部位应无异常现象和摩擦声响，如一切正常，方可启动进行运转。

②风机启动达到正常转速后，应首先在调节门开度为 0～5 之间进行小负荷运转，待达到轴承温升稳定后连续运转时间不应少于 20min。

③小负荷运转正常后，应逐渐开大调节门，但电动机电流不得超过额定值，直至规定的负荷为止，连续运转时间不应少于 2h。

④风机在额定转速下连续运转 2h 后，滑动轴承外壳最高温度不得超过 70℃，滚动轴承不得超过 75℃。

⑤具有滑动轴承的大型通风机，负荷试运转 2h 后应停机检查轴承，轴承应无异常，当合金表面有局部碰伤时，应进行修整，再连续运转不应少于 6h。

⑥当高温离心通风机进行高温试运转时，其升温速率不应

大于50℃/h；当进行冷态试运转时，其电机不得超负荷运转。

(4)风机在运转过程中的主要故障及原因。

①轴承温升过高。其原因主要有：轴承箱振动剧烈；轴承箱盖座连接螺栓的紧固力过大或过小；轴与滚动轴承安装有歪斜现象，致使前后两轴承不同心；滚动轴承损坏；润滑油脂质量不良或填充过多。

②轴承箱振动剧烈。其原因主要有：机壳或进风口与叶轮相碰而产生摩擦；叶轮铆钉松动或轮盘变形；叶轮轴盘与轴的连接松动；叶轮动平衡性能不好；机壳与支架、轴承箱与支架、轴承箱盖与座等连接螺栓松动；基础的刚度不够；风机的进出口风管安装不良而引起振动。

③皮带跳动或滑下。风机的皮带跳动，主要是由于风机两皮带轮距离较近或皮带过长。风机的皮带从皮带轮上滑下，主要是由于两皮带轮位置彼此不在一个平面上。

④电动机电流过大、温升过高。其原因主要有：风机启动时进风管的调节阀开度较大，使风机的风量超过额定风量范围；电动机的输入电压过低或电源单相断电；受轴承箱振动剧烈的影响。

3. 通风空调系统的测定与调整

(1)风量测定与调整。

①首先按工程实际情况，绘制系统单线透视图。图上应标明风管尺寸，测点截面位置、送(回)风口的位置，同时标明设计风量、风速、截面面积及风口尺寸。

②开风机之前将风道和风口本身的调节阀门，放在全开位置，三通调节阀门放在中间位置，空气处理室中的各种调节阀也应放在实际运行位置。

③开启风机进行风量测定与调整，先粗测总风量是否满足设计风量要求，做到心中有数，有利于下步调试工作。

④系统风量测定与调整，干管和支管的风量可用毕托管、微压计仪器进行测试。对送(回)风系统调整采用“流量等比分配法”或“基准风口调整法”等，从系统的最远、最不利的环路开始，逐步调向通风机。

⑤风口风速测量可采用热球风速仪、叶轮风速仪或转子风速仪，用定点法或匀速移动法测出平均风速，计算出风口风量。测试不少于 3～5 次。

(2)系统风量平衡后应符合的规定。

①系统无生产负荷的联合试运转及调试应符合的规定。

a. 系统总风量调试结果与设计风量的偏差不应大于 10%。

b. 空调冷热水、冷却水总流量测试结果与设计流量的偏差不应大于 10%。

c. 舒适空调的温度、相对湿度应符合设计的要求。恒温、恒湿房间室内空气温度、相对湿度及波动范围应符合设计规定。

②防排烟系统联合试运行与调试的结果(风量及正压)，必须符合设计与消防的规定。

③净化空调系统应符合的规定。

a. 单向流洁净室系统的系统总风量调试结果与设计风量的允许偏差为0%～20%，室内各风口风量与设计风量的允许偏差为 15%。新风量与设计新风量的允许偏差为 10%。

b. 单向流洁净室系统的室内截面平均风速的允许偏差为0%～20%，且截面风速不均匀度不应大于 0.25。新风量和设计新风量的允许偏差为 10%。

c. 相邻不同级别洁净室之间和洁净室与非洁净室之间的静压差不应小于5Pa，洁净室与室外的静压差不应小于 10Pa。

d. 室内空气洁净度等级必须符合设计规定的等级或在商定验收状态下的等级要求。高于等于5级的单向流洁净室，在门开启的状态下，测定距离门0.6m室内侧工作高度处空气的含尘浓度，亦不应超过室内洁净度等级上限的规定。

(3)系统风量测试调整时应注意的问题。

①测定点截面位置选择应在气流比较均匀稳定的地方，一般选在产生局部阻力之后4～5倍管径(或风管长边尺寸)以及局部阻力之前约1.5～2倍管径(或风管长边尺寸)的直风管段上。

②在矩形风管内测定平均风速时，应将风管测定截面划分成若干个相等的小截面使其尽可能接近于正方形。在圆形风管内测定平均风速时，应根据管径大小，将截面分成若干个面积相同的同心圆环，每个圆环应测量四个点。

③没有调节阀的风道。如果要调节风量，可在风道法兰处临时加插板进行调节，调好风量后插板留在其中并保证在此处密封不漏。

(4)空调器设备性能测定与调整。

①喷水量的测定和喷水室热工特性的测定应在夏季或接近夏季室外计算参数条件下进行，主要测定它的冷却能力是否符合设计要求。

②过滤器阻力的测定、表冷器阻力的测定、表面式热交换器冷却能力和加热能力的测定，计算出阻力值、空气失去的热量值和吸收的热量值是否符合设计要求。

③在测定过程中，保证供水、供冷、供热源，做好详细记录，与设计数据进行核对是否有出入，如有出入时应及时做出调整。

第 3 部分　通风工岗位安全常识

一、通风工施工安全基本知识

（1）操作时用火，必须申请用火证，清除周围易燃物，配足消防器材，应有专人看火和防火措施。

（2）下料所裁的铁皮边角余料，应随时清理堆放指定地点，必须做到活完料净场地清。

（3）操作前应检查所用的工具，特别是锤柄与锤头的安装必须牢固可靠。活扳手的控制螺栓失灵和活动钳口受力后易打滑和歪斜不得使用。

（4）操作使用錾子剔法兰或剔墙眼应戴防护眼镜。楔子毛刺应及时清理掉。

（5）在风管内操作铆法兰及腰箍冲眼时，管内外操作人员应配合一致，里面的人面部必须避开冲孔。

（6）人力搬抬风管和设备时，必须注意路面上的孔、洞、沟、坑和其他障碍物。通道上部有人施工，通过时应先停止作业。两人以上操作要统一指挥，互相呼应。抬设备或风管时应轻起慢落，严禁任意抛扔。往脚手架或操作平台搬运风管和设备时，不得超过脚手架或操作平台允许荷载。在楼梯上抬运风管时，应步调一致，前后呼应，应避免跌倒或碰伤。

（7）搬抬铁板必须戴手套，并应用破布或其他物品垫好。

（8）安装使用的脚手架，使用前必须经检查验收合格后方可使用。非架子工不得任意拆改。使用高凳或高梯作业，底部应有防滑措施并有人扶梯监护。

(9)安装风管时不得用手摸法兰接口,如螺栓孔不对,应用尖冲撬正。安装材料不得放在风管顶部或脚手架上,所用工具应放入工具袋内。

(10)楼板洞口安装风管,应遵守相关规程的规定。

(11)在操作过程中,室内外如有井、洞、坑、池等周边应设置安全防护栏杆或牢固盖板。安装立风管未完工程,立管上口必须盖严封牢。

(12)在斜坡屋面安装风管、风帽时,操作人员应系好安全带,并用索具将风管固定好,待安装完毕后方可拆除索具。

(13)吊顶内安装风管,必须在龙骨上铺设脚手板,两端必须固定,严禁在龙骨、顶板上行走。

(14)安装玻璃棉、消声及保温材料时,操作人员必须戴口罩、风帽、风镜、薄膜手套,穿丝绸料工作服。作业完毕时可洗热水澡冲净。

二、现场施工安全操作基本规定

1. 杜绝"三违"现象

员工遵章守纪,是实现安全生产的基础。员工在生产过程中,不仅要有熟练的技术,而且必须自觉遵守各项操作规程和劳动纪律,远离"三违",即违章指挥、违章操作、违反劳动纪律。

(1)违章指挥。企业负责人和有关管理人员法制观念淡薄,缺乏安全知识,思想上存有侥幸心理,对国家、集体的财产和人民群众的生命安全不负责任。明知不符合安全生产有关条件,仍指挥作业人员冒险作业。

(2)违章作业。作业人员没有安全生产常识,不懂安全生产规章制度和操作规程,或者在知道基本安全知识的情况下,在作业过程中，违反安全生产规章制度和操作规程，不顾国家、集体的财产和他人、自己的生命安全，擅自作业，冒险蛮干。

(3)违反劳动纪律。上班时不知道劳动纪律，或者不遵守劳动纪律，违反劳动纪律进行冒险作业，造成不安全因素。

2. 牢记“三宝”和“四口、五临边”

(1)“三宝”指安全帽、安全带、安全网。安全帽、安全带、安全网是工人的三件宝，只有正确佩戴和使用，才可以保证个人安全。

(2)“四口”指楼梯口、电梯井口、预留洞口、通道口。“五临边”是指尚未安装栏杆的阳台周边、无外架防护的层面周边、框架工程楼层周边、上下跑道及斜道的两侧边、卸料平台的侧边。

“四口、五临边”是施工现场最危险和最容易发生事故的地方，因此对施工现场重要危险部位进行正确的防护，可以有效地减少事故发生，为工人作业提供一个安全的环境。

3. 做到“三不伤害”

“三不伤害”是指不伤害自己、不伤害他人、不被他人伤害。

施工现场每一个操作人员和管理人员都要增强自我保护意识，同时也要对安全生产自觉负起监督的责任，才能达到全员安全的目的。

施工时经常有上下层或者不同工种、不同队伍互相交叉作业的情况，要避免这时候发生危险。相互间协调好，上层作业时，要对作业区域围蔽，有人值守，防止人员进入作业区下方。此外落物伤人，也是工地经常发生的事故之一，进入施工现场，一定要戴好安全帽。作业过程中，观察周围，不伤害他人，也不被他人伤害，这是工地安全的基本原则。自己不违章，只能保证不伤害自己，不伤害别人。要做到不被别人伤害，就要及时制止他人违章。制止他人违章既保护了自己，也保护了他人。

4. 加强“三懂三会”能力

“三懂三会”即懂得本岗位和部门有什么火灾危险性，懂得灭火知识，懂得预防措施；会报火警，会使用灭火器材，会处理初起火灾。

5. 掌握“十项安全技术措施”

(1)按规定使用安全“三宝”。

(2)机械设备防护装置一定要齐全有效。

(3)塔吊等起重设备必须有限位保险装置，不准带病运转，不准超负荷作业，不准在运转中维修保养。

(4)架设电线线路必须符合当地电业局的规定，电气设备必须全部接零接地。

(5)电动机械和手持电动工具要设置漏电保护器。

(6)脚手架材料及脚手架的搭设必须符合规程要求。

(7)各种缆风绳及其设置必须符合规程要求。

(8)在建工程的楼梯口、电梯口、预留洞口、通道口，必须有防护设施。

(9)严禁赤脚或穿高跟鞋、拖鞋进入施工现场，高空作业不准穿硬底和带钉易滑的鞋靴。

(10)施工现场的悬崖、陡坎等危险地区应设警戒标志，夜间要设红灯示警。

6. 施工现场行走或上下的“十不准”

(1)不准从正在起吊、运吊中的物件下通过。

(2)不准从高处往下跳或奔跑作业。

(3)不准在没有防护的外墙和外壁板等建筑物上行走。

(4)不准站在小推车等不稳定的物体上操作。

(5)不得攀登起重臂、绳索、脚手架、井字架、龙门架和随同运料的吊盘及吊装物上下。

(6)不准进入挂有“禁止出入”或设有危险警示标志的区域、场所。

(7)不准在重要的运输通道或上下行走通道上逗留。

(8)未经允许不准私自进入非本单位作业区域或管理区域，尤其是存有易燃、易爆物品的场所。

(9)严禁在无照明设施、无足够采光条件的区域、场所内行走、逗留。

(10)不准无关人员进入施工现场。

7. 做到“十不盲目操作”

做到“十不盲目操作”，是防止违章和事故的基本操作要求。

(1)新工人未经三级安全教育，复工换岗人员未经安全岗位教育，不盲目操作。

(2)特殊工种人员、机械操作工未经专门安全培训，无有效安全上岗操作证，不盲目操作。

(3)施工环境和作业对象情况不清，施工前无安全措施或作业安全交底不清，不盲目操作。

(4)新技术、新工艺、新设备、新材料、新岗位无安全措施，未进行安全培训教育、交底，不盲目操作。

(5)安全帽和作业所必需的个人防护用品不落实，不盲目操作。

(6)脚手、吊篮、塔吊、井字架、龙门架、外用电梯、起重机械、电焊机、钢筋机械、木工平刨、圆盘锯、搅拌机、打桩机等设施设备和现浇混凝土模板支撑、搭设安装后，未经验收合格，不盲目操作。

(7)作业场所安全防护措施不落实，安全隐患不排除，威胁人身和国家财产安全时，不盲目操作。

(8)凡上级或管理干部违章指挥，有冒险作业情况时，不盲目操作。

(9)高处作业、带电作业、禁火区作业、易燃易爆作业、爆破性作业、有中毒或窒息危险的作业和科研实验等其他危险作业的，均应由上级指派，并经安全交底；未经指派批准、未经安全交底和无安全防护措施，不盲目操作。

(10)隐患未排除，有自己伤害自己、自己伤害他人、自己被他人伤害的不安全因素存在时，不盲目操作。

8.“防止坠落和物体打击”的十项安全要求

(1)高处作业人员必须着装整齐，严禁穿硬塑料底等易滑鞋、高跟鞋，工具应随手放入工具袋中。

(2)高处作业人员严禁相互打闹，以免失足发生坠落事故。

(3)在进行攀登作业时，攀登用具结构必须牢固可靠，使用必须正确。

(4)各类手持机具使用前应检查，确保安全牢靠。洞口临边作业应防止物件坠落。

(5)施工人员应从规定的通道上下，不得攀爬脚手架、跨越阳台，不得在非规定通道进行攀登、行走。

(6)进行悬空作业时，应有牢靠的立足点并正确系挂安全带；现场应视具体情况配置防护栏网、栏杆或其他安全设施。

(7)高处作业时，所有物料应该堆放平稳，不可放置在临边或洞口附近，且不可妨碍通行。

(8)高处拆除作业时,对拆卸下的物料、建筑垃圾都要加以清理和及时运走,不得在走道上任意乱置或向下丢弃,保持作业走道畅通。

(9)高处作业时,不准往下或向上乱抛材料和工具等物件。

(10)各施工作业场所内,凡有坠落可能的任何物料,都应先行撤除或加以固定,拆卸作业要在设有禁区、有人监护的条件下进行。

9. 防止机械伤害的"一禁、二必须、三定、四不准"

(1)一禁。不懂电器和机械的人员严禁使用和摆弄机电设备。

(2)二必须。

①机电设备应完好,必须有可靠有效的安全防护装置。

②机电设备停电、停工休息时必须拉闸关机,按要求上锁。

(3)三定。

①机电设备应做到定人操作,定人保养、检查。

②机电设备应做到定机管理、定期保养。

③机电设备应做到定岗位和岗位职责。

(4)四不准。

①机电设备不准带病运转。

②机电设备不准超负荷运转。

③机电设备不准在运转时维修保养。

④机电设备运行时,操作人员不准将头、手、身伸入运转的机械行程范围内。

10. "防止车辆伤害"的十项安全要求

(1)未经劳动、公安交通部门培训合格的持证人员,不熟悉车辆性能者不得驾驶车辆。

（2）应坚持做好例保工作，车辆制动器、喇叭、转向系统、灯光等影响安全的部件如作用不良，不准出车。

（3）严禁翻斗车、自卸车的车厢乘人，严禁人货混装，车辆载货应不超载、超高、超宽，捆扎应牢固可靠，应防止车内物体失稳跌落伤人。

（4）乘坐车辆应坐在安全处，头、手、身不得露出车厢外，要避免车辆启动制动时跌倒。

（5）车辆进出施工现场，在场内掉头、倒车，在狭窄场地行驶时应有专人指挥。

（6）现场行车进场要减速，并做到“四慢”，即道路情况不明要慢，线路不良要慢，起步、会车、停车要慢，在狭路、桥梁弯路、坡路、叉道、行人拥挤地点及出入大门时要慢。

（7）临近机动车道的作业区和脚手架等设施以及道路中的路障，应加设安全色标、安全标志和防护措施，并要确保夜间有充足的照明。

（8）装卸车作业时，若车辆停在坡道上，应在车轮两侧用楔形木块加以固定。

（9）人员在场内机动车道应避免右侧行走，并做到不平排结队有碍交通；避让车辆时，应不避让于两车交会之中，不站于旁有堆物无法退让的死角。

（10）机动车辆不得牵引无制动装置的车辆，牵引物体时物体上不得有人，人不得进入正在牵引的物与车之间，坡道上牵引时，车和被牵引物下方不得有人作业和停留。

11.“防止触电伤害”的十项安全操作要求

根据安全用电“装得安全、拆得彻底、用得正确、修得及时”

的基本要求，为防止触电伤害的操作要求有：

(1)非电工严禁拆接电气线路、插头、插座、电气设备、电灯等。

(2)使用电气设备前必须检查线路、插头、插座、漏电保护装置是否完好。

(3)电气线路或机具发生故障时，应找电工处理，非电工不得自行修理或排除故障。

(4)使用振捣器等手持电动机械和其他电动机械从事湿作业时，要由电工接好电源，安装上漏电保护器，操作者必须穿戴好绝缘鞋、绝缘手套后再进行作业。

(5)搬迁或移动电气设备必须先切断电源。

(6)搬运钢筋、钢管及其他金属物时，严禁触碰到电线。

(7)禁止在电线上挂晒物料。

(8)禁止使用照明器烘烤、取暖，禁止擅自使用电炉和其他电加热器。

(9)在架空输电线路附近工作时，应停止输电，不能停电时，应有隔离措施，要保持安全距离，防止触碰。

(10)电线必须架空，不得在地面、施工楼面随意乱拖，若必须通过地面、楼面时，应有过路保护，物料、车、人不准压踏碾磨电线。

12. 施工现场防火安全规定

(1)施工现场要有明显的防火宣传标志。

(2)施工现场必须设置临时消防车道。其宽度不得小于3.5m，并保证临时消防车道的畅通，禁止在临时消防车道上堆物、堆料或挤占临时消防车道。

(3)施工现场必须配备消防器材，做到布局合理。要害部位应配备不少于4具的灭火器，要有明显的防火标志，并经常检查、维护、保养，保证灭火器材灵敏有效。

(4)施工现场消火栓应布局合理，消防干管直径不小于100mm，消火栓处昼夜要设有明显标志，配备足够的水龙带，周围3m内不准存放物品。地下消火栓必须符合防火规范。

(5)高度超过24m的建筑工程，应安装临时消防竖管。管径不得小于75mm，每层设消火栓口，配备足够的水龙带。消防水要保证足够的水源和水压，严禁消防竖管作为施工用水管线。消防泵房应使用非燃材料建造，位置设置合理，便于操作，并设专人管理，保证消防供水。消防泵的专用配电线路应引自施工现场总断路器的上端，要保证连续不间断供电。

(6)电焊工、气焊工从事电气设备安装的电焊、气焊切割作业，要有操作证和用火证。用火前，要对易燃、可燃物采取清除、隔离等措施，配备看火人员和灭火器具，作业后必须确认无火源隐患后方可离去。用火证当日有效。用火地点变换，要重新办理用火证手续。

(7)氧气瓶、乙炔瓶工作间距不小于5m，两瓶与明火作业距离不小于10m。建筑工程内禁止氧气瓶、乙炔瓶存放，禁止使用液化石油气"钢瓶"。

(8)施工现场使用的电气设备必须符合防火要求。临时用电必须安装过载保护装置，电闸箱内不准使用易燃、可燃材料。严禁超负荷使用电气设备。

(9)施工材料的存放、使用应符合防火要求。库房应采用非燃材料支搭，易燃易爆物品应专库储存，分类单独存放，保持通风，用电符合防火规定。不准在工程内、库房内调配油漆、烯料。

(10)工程内部不准作为仓库使用，不准存放易燃、可燃材料，因施工需要进入工程内部的可燃材料，要根据工程计划限量进入并采取可靠的防火措施。废弃材料应及时消除。

(11)施工现场使用的安全网、密目式安全网、密目式防尘网、保温材料，必须符合消防安全规定，不得使用易燃、可燃材料。

(12)施工现场严禁吸烟，不得在建筑工程内部设置宿舍。

(13)施工现场和生活区，未经有关部门批准不得使用电热器具。严禁工程中明火保温施工及宿舍内明火取暖。

(14)从事油漆粉刷或防水等有毒及易燃危险作业时，要有具体的防火要求，必要时派专人看护。

(15)生活区的设置必须符合消防管理规定。严禁使用可燃材料搭设，宿舍内不得卧床吸烟，房间内住 20 人以上必须设置不少于 2 处的安全门，居住 100 人以上，要有消防安全通道及人员疏散预案。

(16)生活区的用电要符合防火规定。食堂使用的燃料必须符合使用规定，用火点和燃料不能在同一房间内，使用时要有专人管理，停火时将总开关关闭，经常检查有无泄漏。

三、高处作业安全知识

1. 高处作业的一般施工安全规定和技术措施

按照《高处作业分级》(GB/T 3608—2008)规定：凡在坠落高度基准面 2m 以上(含 2m)的可能坠落的高处所进行的作业，都称为高处作业。

在施工现场高处作业中，如果未防护、防护不好或作业不当都可能发生人或物的坠落。人从高处坠落的事故，称为高处坠落事故。物体从高处坠落砸着下面人的事故，称为物体打击事故。建筑施工中的高处作业主要包括临边、洞口、攀登、悬空、交叉作业等类型，这些是高处作业伤亡事故可能发生的主要地点。

高处作业时的安全措施有设置防护栏杆，孔洞加盖，安装安全防护门，满挂安全平立网，必要时设置安全防护棚等。

(1)施工前，应逐级进行安全技术教育及交底，落实所有安全技术措施和个人防护用品，未经落实时不得进行施工。

(2)高处作业中的安全标志、工具、仪表、电气设施和各种设备，必须在施工前加以检查，确认其完好，方能投入使用。

(3)悬空、攀登高处作业以及搭设高处安全设施的人员必须按照国家有关规定，经过专门的安全作业培训，并取得特种作业操作资格证书后，方可上岗作业。

(4)从事高处作业的人员必须定期进行身体检查，诊断患有心脏病、贫血、高血压、癫痫病、恐高症及其他不适宜高处作业的疾病时，不得从事高处作业。

(5)高处作业人员应头戴安全帽，身穿紧口工作服，脚穿防滑鞋，腰系安全带。

(6)高处作业场所有坠落可能的物体，应一律先行撤除或予以固定。所用物件均应堆放平稳，不妨碍通行和装卸。工具应随手放入工具袋，拆卸下的物件及余料和废料均应及时清理运走，清理时应采用传递或系绳提溜方式，禁止抛掷。

(7)遇有六级以上强风、浓雾和大雨等恶劣天气，不得进行露天悬空与攀登高处作业。台风暴雨后，应对高处作业安全设施逐一检查，发现有松动、变形、损坏或脱落、漏雨、漏电等现象，应立即修理完善或重新设置。

(8)所有安全防护设施和安全标志等，任何人都不得损坏或擅自移动和拆除。因作业必须临时拆除或变动安全防护设施、安全标志时，必须经有关施工负责人同意，并采取相应的可靠措施，作业完毕后立即恢复。

(9)施工中对高处作业的安全技术设施发现有缺陷和隐患时，必须立即报告，及时解决。危及人身安全时，必须立即停止作业。

2. 高处作业的基本安全技术措施

(1)凡是临边作业，都要在临边处设置防护栏杆，一般上杆离地面高度为1.0～1.2m，下杆离地面高度为0.5～0.6m；防护栏杆必须自上而下用安全网封闭，或在栏杆下边设置严密固定的高度不低于18cm的挡脚板或40cm的挡脚竹笆。

(2)对于洞口作业，可根据具体情况采取设防护栏杆、加盖板、张挂安全网与装栅门等措施。

(3)进行攀登作业时，作业人员要从规定的通道上下，不能在阳台之间等非规定通道进行攀登，也不得任意利用吊车车臂架等施工设备进行攀登。

(4)进行悬空作业时，要设有牢靠的作业立足处，并视具体情况设防护栏杆，搭设架手架、操作平台，使用马凳，张挂安全网或其他安全措施；作业所用索具、脚手板、吊篮、吊笼、平台等设备，均需经技术鉴定方能使用。

(5)进行交叉作业时，注意不得在上下同一垂直方向上操作，下层作业的位置必须处于依上层高度确定的可能坠落范围之外。不符合以上条件时，必须设置安全防护层。

(6)结构施工自二层起，凡人员进出的通道口(包括井架、施工电梯的进出口)，均应搭设安全防护棚。高度超过24m时，防护棚应设双层。

(7)建筑施工进行高处作业之前，应进行安全防护设施的检查和验收。验收合格后，方可进行高处作业。

3. 高处作业安全防护用品使用常识

由于建筑行业的特殊性，高处作业中发生高处坠落、物体打击事故的比例最大。要避免伤亡事故，作业人员必须正确佩戴安全帽，调好帽箍，系好帽带；正确使用安全带，高挂低用；按规定架设安全网。

(1)安全帽。对人体头部受外力伤害(如物体打击)起防护作用的帽子。使用时要注意：

①选用经有关部门检验合格，其上有“安鉴”标志的安全帽。

②使用安全帽前先检查外壳是否破损，有无合格帽衬，帽带是否齐全，如果不符合要求则立即更换。

③调整好帽箍、帽衬(4～5cm)，系好帽带。

(2)安全带。高处作业人员预防坠落伤亡的防护用品。使用时要注意：

①选用经有关部门检验合格的安全带，并保证在使用有效期内。

②安全带严禁打结、续接。

③使用中，要可靠地挂在牢固的地方，高挂低用，且要防止摆动，避免明火和刺割。

④2m以上的悬空作业，必须使用安全带。

⑤在无法直接挂设安全带的地方，应设置挂安全带的安全拉绳、安全栏杆等。

(3)安全网。用来防止人、物坠落或用来避免、减轻坠落及物体打击伤害的网具。使用时要注意：

①要选用有合格证的安全网；在使用时，必须按规定到有关部门检测、检验合格，方可使用。

②安全网若有破损、老化，应及时更换。

③安全网与架体连接不宜绷得太紧，系结点要沿边分布均匀、绑牢。

④立网不得作为平网使用。

⑤立网必须选用密目式安全网。

四、脚手架作业安全技术常识

1. 脚手架的作用及常用架型

脚手架的搭设、拆除作业属悬空、攀登高处作业，其作业人员必须按照国家有关规定经过专门的安全作业培训，并取得特种作业操作资格证书后，方可上岗作业。其他无资格证书的作业人员只能做一些辅助工作，严禁悬空、登高作业。

脚手架的主要作用是在高处作业时供堆料、短距离水平运输及作业人员在上面进行施工作业。高处作业的五种基本类型的安全隐患在脚手架上作业中都会发生。

脚手架应满足以下基本要求：

(1)要有足够的牢固性和稳定性，保证施工期间在所规定的荷载和气候条件下，不产生变形、倾斜和摇晃。

(2)要有足够的使用面积，满足堆料、运输、操作和行走的要求。

(3)构造要简单，搭设、拆除和搬运要方便。

常用脚手架有扣件式钢管脚手架、门型钢管脚手架、碗扣式钢管架等。此外还有附着升降脚手架、吊篮式脚手架、挂式脚手架等。

2. 脚手架作业一般安全技术常识

(1)每项脚手架工程都要有经批准的施工方案并严格按照

此方案搭设和拆除，作业前必须组织全体作业人员熟悉施工和作业要求，进行安全技术交底。班组长要带领作业人员对施工作业环境及所需工具、安全防护设施等进行检查，消除隐患后方可作业。

（2）脚手架要结合工程进度搭设，结构施工时脚手架要始终高出作业面一步架，但不宜一次搭得过高。未完成的脚手架，作业人员离开作业岗位（休息或下班）时，不得留有未固定的构件，并应保证架子稳定。

脚手架要经验收签字后方可使用。分段搭设时应分段验收。在使用过程中要定期检查，较长时间停用、台风或暴雨过后使用前要进行检查加固。

（3）落地式脚手架基础必须坚实，若是回填土，必须平整夯实，并做好排水措施，以防止地基沉陷引起架子沉降、变形、倒塌。当基础不能满足要求时，可采取挑、吊、撑等技术措施，将荷载分段卸到建筑物上。

（4）设计搭设高度较小（15m 以下）时，可采用抛撑；当设计高度较大时，采用既抗拉又抗压的连墙点（根据规范用柔性或刚性连墙点）。

（5）施工作业层的脚手板要满铺、牢固，离墙间隙不大于15cm，并不得出现探头板；在架子外侧四周设 1.2m 高的防护栏杆及 18cm 的挡脚板，且在作业层下装设安全平网；架体外排立杆内侧挂设密目式安全立网。

（6）脚手架出入口须设置规范的通道口防护棚；外侧临街或高层建筑脚手架，其外侧应设置双层安全防护棚。

（7）架子使用中，通常架上的均布荷载，不应超过规范规定。人员、材料不要太集中。

（8）在防雷保护范围之外，应按规定安装防雷保护装置。

(9)脚手架拆除时,应设警戒区和醒目标志,有专人负责警戒;架体上的材料、杂物等应消除干净;架体若有松动或危险的部位,应予以先行加固,再进行拆除。

(10)拆除顺序应遵循“自上而下,后装的构件先拆,先装的后拆,一步一清”的原则,依次进行。不得上下同时拆除作业,严禁用踏步式、分段、分立面拆除法。

(11)拆下来的杆件、脚手板、安全网等应用运输设备运至地面,严禁从高处向下抛掷。

五、施工现场临时用电安全知识

1. 现场临时用电安全基本原则

(1)建筑施工现场的电工、电焊工属于特种作业工种,必须按国家有关规定经专门安全作业培训,取得特种作业操作资格证书,方可上岗作业。其他人员不得从事电气设备及电气线路的安装、维修和拆除。

(2)建筑施工现场必须采用 TN-S 接零保护系统,即具有专用保护零线(PE 线)、电源中性点直接接地的 220/380V 三相五线制系统。

(3)建筑施工现场必须按“三级配电二级保护”设置。

(4)施工现场的用电设备必须实行“一机、一闸、一漏、一箱”制,即每台用电设备必须有自己专用的开关箱,专用开关箱内必须设置独立的隔离开关和漏电保护器。

(5)严禁在高压线下方搭设临建、堆放材料和进行施工作业;在高压线一侧作业时,必须保持至少 6m 的水平距离,达不到上述距离时,必须采取隔离防护措施。

(6)在宿舍工棚、仓库、办公室内,严禁使用电饭煲、电水壶、电炉、电热杯等较大功率电器。如需使用，应由项目部安排专业电工在指定地点安装，可使用较高功率电器的电气线路和控制器。严禁使用不符合安全要求的电炉、电热棒等。

(7)严禁在宿舍内乱拉、乱接电源，非专职电工不准乱接或更换熔丝，不准以其他金属丝代替熔丝(保险丝)。

(8)严禁在电线上晾衣服和挂其他东西等。

(9)搬运较长的金属物体，如钢筋、钢管等材料时，应注意不要碰触到电线。

(10)在临近输电线路的建筑物上作业时，不能随便往下扔金属类杂物；更不能触摸、拉动电线或与电线接触的钢丝和电杆的拉线。

(11)移动金属梯子和操作平台时，要观察高处输电线路与移动物体的距离，确认有足够的安全距离，再进行作业。

(12)在地面或楼面上运送材料时，不要踏在电线上；停放手推车，堆放钢模板、跳板、钢筋时，不要压在电线上。

(13)移动有电源线的机械设备，如电焊机、水泵、小型木工机械等，必须先切断电源，不能带电搬动。

(14)当发现电线坠地或设备漏电时，切不可随意跑动和触摸金属物体，并应保持 10m 以上距离。

2. 安全电压

安全电压是为防止触电事故而采用的 50V 以下特定电源供电的电压系列，分为 42V、36V、24V、12V 和 6V 五个等级，根据不同的作业条件，选用不同的安全电压等级。建筑施工现场常用的安全电压有 12V、24V、36V。

以下特殊场所必须采用安全电压照明供电：

(1)室内灯具离地面低于 2.4m、手持照明灯具、一般潮湿作业场所(地下室、潮湿室内、潮湿楼梯、隧道、人防工程以及有高温、导电灰尘等)的照明,电源电压应不大于 36V。

(2)潮湿和易触及带电体场所的照明电源电压,应不大于 24V。

(3)在特别潮湿的场所、锅炉或金属容器内、导电良好的地面使用手持照明灯具等,照明电源电压不得大于 12V。

3. 电线的相色

(1)正确识别电线的相色。

电源线路可分为工作相线(火线)、专用工作零线和专用保护零线。一般情况下,工作相线(火线)带电危险,专用工作零线和专用保护零线不带电(但在不正常情况下,工作零线也可以带电)。

(2)相色规定。

一般相线(火线)分为 A、B、C 三相,分别为黄色、绿色、红色;工作零线为黑色;专用保护零线为黄绿双色线。

严禁用黄绿双色、黑色、蓝色线充当相线,也严禁用黄色、绿色、红色线作为工作零线和保护零线。

4. 插座的使用

要正确使用与安装插座。

(1)插座分类。

常用的插座分为单相双孔、单相三孔和三相三孔、三相四孔等。

(2)选用与安装接线。

①三孔插座应选用"品字形"结构,不应选用等边三角形排列的结构,因为后者容易发生三孔互换,造成触电事故。

②插座在电箱中安装时，必须首先固定安装在安装板上，接地极与箱体一起作可靠的PE保护。

③三孔或四孔插座的接地孔（较粗的一个孔），必须置于顶部位置，不可倒置，两孔插座应水平并列安装，不准垂直并列安装。

④插座接线要求：对于两孔插座，左孔接零线，右孔接相线；对于三孔插座，左孔接零线，右孔接相线，上孔接保护零线；对于四孔插座，上孔接保护零线，其他三孔分别接A、B、C三根相线。

5."用电示警"标志

正确识别"用电示警"标志或标牌，不得随意靠近、随意损坏和挪动标牌（表3-1）。进入施工现场的每个人都必须认真遵守用电管理规定，见到用电示警标志或标牌时，不得随意靠近，更不准随意损坏、挪动标牌。

表3-1　用电示警标志分类和使用

使用 分类	颜色	使用场所
常用电力标志	红色	配电房、发电机房、变压器等重要场所
高压示警标志	字体为黑色，箭头和边框为红色	需高压示警场所
配电房示警标志	字体为红色，边框为黑色（或字与边框交换颜色）	配电房或发电机房
维护检修示警标志	底为红色，字为白色（或字为红色，底为白色，边框为黑色）	维护检修时相关场所
其他用电示警标志	箭头为红色，边框为黑色，字为红色或黑色	其他一般用电场所

6. 电气线路的安全技术措施

(1)施工现场电气线路全部采用“三相五线制”(TN-S 系统)专用保护接零(PE 线)系统供电。

(2)施工现场架空线采用绝缘铜线。

(3)架空线设在专用电杆上，严禁架设在树木、脚手架上。

(4)导线与地面保持足够的安全距离。

导线与地面最小垂直距离：施工现场应不小于 4m；机动车道应不小于 6m；铁路轨道应不小于 7.5m。

(5)无法保证规定的电气安全距离时，必须采取防护措施。

如果由于在建工程位置限制而无法保证规定的电气安全距离，必须采取设置防护性遮拦、栅栏，悬挂警告标志牌等防护措施，发生高压线断线落地时，非检修人员要远离落地处 10m 以外，以防跨步电压危害。

(6)为了防止设备外壳带电发生触电事故，设备应采用保护接零，并安装漏电保护器等措施。作业人员要经常检查保护零线连接是否牢固可靠，漏电保护器是否有效。

(7)在电箱等用电危险地方，挂设安全警示牌。如“有电危险”“禁止合闸，有人工作”等。

7. 照明用电的安全技术措施

施工现场临时照明用电的安全要求如下：

(1)临时照明线路必须使用绝缘导线。户内(工棚)临时线路的导线必须安装在离地 2m 以上的支架上；户外临时线路必须安装在离地 2.5m 以上的支架上，零星照明线不允许使用花线，一般应使用软电缆线。

(2)建设工程的照明灯具宜采用拉线开关。拉线开关距地面高度为2～3m，与出口、入口的水平距离为0.15～0.2m。

(3)严禁在床头设立开关和插座。

(4)电器、灯具的相线必须经过开关控制。

不得将相线直接引入灯具，也不允许以电气插头代替开关来分合电路，室外灯具距地面不得低于3m；室内灯具不得低于2.4m。

(5)使用手持照明灯具(行灯)应符合一定的要求：

①电源电压不超过36V。

②灯体与手柄应坚固，绝缘良好，并耐热防潮湿。

③灯头与灯体结合牢固。

④灯泡外部要有金属保护网。

⑤金属网、反光罩、悬吊挂钩应固定在灯具的绝缘部位上。

(6)照明系统中每一单相回路上，灯具和插座数量不宜超过25个，并应装设熔断电流为15A以下的熔断保护器。

8. 配电箱与开关箱的安全技术措施

施工现场临时用电一般采用三级配电方式，即总配电箱(或配电室)，下设分配电箱，再以下设开关箱，开关箱以下就是用电设备。

配电箱和开关箱的使用安全要求如下：

(1)配电箱、开关箱的箱体材料，一般应选用钢板，亦可选用绝缘板，但不宜选用木质材料。

(2)配电箱、开关箱应安装端正、牢固，不得倒置、歪斜。

固定式配电箱、开关箱的下底与地面垂直距离应大于或等于1.3m且小于或等于1.5m；移动式配电箱、开关箱的下底与地面的垂直距离应大于或等于0.6m且小于或等于1.5m。

(3)进入开关箱的电源线，严禁用插销连接。

（4）电箱之间的距离不宜太远。

配电箱与开关箱的距离不得超过 30m。开关箱与固定式用电设备的水平距离不宜超过 3m。

（5）每台用电设备应有各自专用的开关箱，且必须满足“一机、一闸、一漏、一箱”的要求，严禁用同一个开关电器直接控制两台及两台以上用电设备（含插座）。

开关箱中必须设漏电保护器，其额定漏电动作电流应不大于 30mA，漏电动作时间应不大于 0.1s。

（6）所有配电箱门应配锁，不得在配电箱和开关箱内挂接或插接其他临时用电设备，开关箱内严禁放置杂物。

（7）配电箱、开关箱的接线应由电工操作，非电工人员不得乱接。

9. 配电箱和开关箱的使用要求

（1）在停电、送电时，配电箱、开关箱之间应遵守合理的操作顺序。

送电操作顺序：总配电箱→分配电箱→开关箱。

断电操作顺序：开关箱→分配电箱→总配电箱。

正常情况下，停电时首先分断自动开关，然后分断隔离开关；送电时先合隔离开关，后合自动开关。

（2）使用配电箱、开关箱时，操作者应接受岗前培训，熟悉所使用设备的电气性能和掌握有关开关的正确操作方法。

（3）及时检查、维修，更换熔断器的熔丝必须用原规格的熔丝，严禁用铜线、铁线代替。

（4）配电箱的工作环境应经常保持设置时的要求，不得在其周围堆放任何杂物，保持必要的操作空间和通道。

（5）维修机器停电作业时，要与电源负责人联系停电，要悬挂警示标志，卸下保险丝，锁上开关箱。

10. 手持电动机具的安全使用要求

（1）一般场所应选用Ⅰ类手持式电动工具，并应装设额定漏电动作电流不大于15mA、额定漏电动作时间小于0.1s的漏电保护器。

（2）在露天、潮湿场所或金属构架上操作时，必须选用Ⅱ类手持式电动工具，并装设漏电保护器，严禁使用Ⅰ类手持式电动工具。

（3）负荷线必须采用耐用的橡皮护套铜芯软电缆。

单相用三芯（其中一芯为保护零线）电缆；三相用四芯（其中一芯为保护零线）电缆；电缆不得有破损或老化现象，中间不得有接头。

（4）手持电动工具应配备装有专用的电源开关和漏电保护器的开关箱，严禁一台开关接两台以上设备，其电源开关应采用双刀控制。

（5）手持电动工具开关箱内应采用插座连接，其插头、插座应无损坏、无裂纹，且绝缘良好。

（6）使用手持电动工具前，必须检查外壳、手柄、负荷线、插头等是否完好无损，接线是否正确（防止相线与零线错接）；发现工具外壳、手柄破裂，应立即停止使用并进行更换。

（7）非专职人员不得擅自拆卸和修理工具。

（8）作业人员使用手持电动工具时，应穿绝缘鞋，戴绝缘手套，操作时握其手柄，不得利用电缆提拉。

（9）长期搁置不用或受潮的工具在使用前应由电工测量绝缘阻值是否符合要求。

11. 触电事故及原因分析

(1)缺乏电气安全知识,自我保护意识淡薄。

电气设施安装或接线不是由专业电工操作,而是由非专业人员安装。安装人又无基本的电气安全知识,装设不符合电气基本要求,造成意外的触电事故。发生这种触电事故的原因都是缺乏电气安全知识,无自我保护意识。

(2)违反安全操作规程。

施工现场中,有人图方便,不用插头,在电箱乱拉乱接电线。还有人在宿舍私自拉接电线照明,在床上接音响设备、电风扇,有的甚至烧水、做饭等,极易造成触电事故。也有人凭经验用手去试探电器是否带电或不采取安全措施带电作业,或带着侥幸心理,在带电体(如高压线)周围,不采取任何安全措施,违章作业,造成触电事故等。

(3)不使用"TN-S"接零保护系统。

有的工地未使用"TN-S"接零保护系统,或者未按要求连接专用保护接零线,无有效地安全保护系统。不按"三级配电二级保护""一机、一闸、一漏、一箱"设置,造成工地用电使用混乱,易造成误操作,并且在触电时,使得安全保护系统未起可靠的安全保护效果。

(4)电气设备安装不合格。

电气设备安装必须遵守安全技术规定,否则由于安装错误,当人身接触带电部分时,就会造成触电事故。如电线高度不符合安全要求,太低,架空线乱拉、乱扯,有的还将电线拴在脚手架上,导线的接头只用老化的绝缘布包上,以及电气设备没有做保护接地、保护接零等,一旦漏电就会发生严重触电事故。

(5)电气设备缺乏正常检修和维护。

由于电气设备长期使用，易出现电气绝缘老化、导线裸露、胶盖刀闸胶木破损、插座盖子损坏等。如不及时检修，一旦漏电，将造成严重后果。

(6)偶然因素。

电力线被风刮断，导线接触地面引起跨步电压，当人走近该地区时就会发生触电事故。

六、起重吊装机械安全操作常识

1. 基本要求

塔式起重机、施工电梯、物料提升机等施工起重机械的操作(也称为司机)、指挥、司索等作业人员属特种作业，必须按国家有关规定经专门安全作业培训，取得特种作业操作资格证书，方可上岗作业。

施工起重机械(也称垂直运输设备)必须由有相应的制造(生产)许可证的企业生产，并有出厂合格证。其安装、拆除、加高及附墙施工作业，必须由有相应作业资格的队伍作业，作业人员必须按国家有关规定经专门安全作业培训，取得特种作业操作资格证书，方可上岗作业。其他非专业人员不得上岗作业。安装、拆卸、加高及附墙施工作业前，必须有经审批、审查的施工方案，并进行方案及安全技术交底。

2. 塔式起重机使用安全常识

(1)起重机“十不吊”。

①起重臂和吊起的重物下面有人停留或行走不准吊。

②起重指挥应由技术培训合格的专职人员担任，无指挥或信号不清不准吊。

③钢筋、型钢、管材等细长和多根物件必须捆扎牢靠，多点起吊。单头“千斤”或捆扎不牢靠不准吊。

④多孔板、积灰斗、手推翻斗车不用四点吊或大模板外挂板不用卸甲不准吊。预制钢筋混凝土楼板不准双拼吊。

⑤吊砌块必须使用安全可靠的砌块夹具，吊砖必须使用砖笼，并堆放整齐。木砖、预埋件等零星物件要用盛器堆放稳妥，叠放不齐不准吊。

⑥楼板、大梁等吊物上站人不准吊。

⑦埋入地下的板桩、井点管等以及粘连、附着的物件不准吊。

⑧多机作业，应保证所吊重物距离不小于 3m，在同一轨道上多机作业，无安全措施不准吊。

⑨六级以上强风不准吊。

⑩斜拉重物或超过机械允许荷载不准吊。

(2)塔式起重机吊运作业区域内严禁无关人员入内，起吊物下方不准站人。

(3)司机(操作)、指挥、司索等工种应按有关要求配备，其他人员不得作业。

(4)六级以上强风不准吊运物件。

(5)作业人员必须听从指挥人员的指挥，吊物起吊前作业人员应撤离。

(6)吊物的捆绑要求。

①吊运物件时，应清楚重量，吊运点及绑扎应牢固可靠。

②吊运散件物时，应用铁制合格料斗，料斗上应设有专用的牢固的吊装点；料斗内装物高度不得超过料斗上口边，散粒状的轻浮易撒物盛装高度应低于上口边线 10cm。

③吊运长条状物品(如钢筋、长条状木方等)，所吊物件应在

物品上选择两个均匀、平衡的吊点，绑扎牢固。

④吊运有棱角、锐边的物品时，钢丝绳绑扎处应做好防护措施。

3.施工电梯使用安全常识

施工电梯也称外用电梯，也有称为(人、货两用)施工升降机，是施工现场垂直运输人员和材料的主要机械设备。

(1)施工电梯投入使用前，应在首层搭设出入口防护棚，防护棚应符合有关高处作业规范。

(2)电梯在大雨、大雾、六级以上大风以及导轨架、电缆等结冰时，必须停止使用，并将梯笼降到底层，切断电源。暴风雨后，应对电梯各安全装置进行一次检查，确认正常，方可使用。

(3)电梯底笼周围2.5m范围，应设置防护栏杆。

(4)电梯各出料口运输平台应平整牢固，还应安装牢固可靠的栏杆和安全门，使用时安全门应保持关闭。

(5)电梯使用应有明确的联络信号，禁止用敲打、呼叫等方式联络。

(6)乘坐电梯时，应先关好安全门，再关好梯笼门，方可启动电梯。

(7)梯笼内乘人或载物时，应使载荷均匀分布，不得偏重；严禁超载运行。

(8)等候电梯时，应站在建筑物内，不得聚集在通道平台上，也不得将头手伸出栏杆和安全门外。

(9)电梯每班首次载重运行时，当梯笼升离地面1～2m时，应停机试验制动器的可靠性；当发现制动效果不良时，应调整或修复后方可投入使用。

(10)操作人员应根据指挥信号操作。作业前应鸣声示意。

在电梯未切断总电源开关前，操作人员不得离开操作岗位。

(11)施工电梯发生故障的处理。

①当运行中发现异常情况时，应立即停机并采取有效措施，将梯笼降到底层，排除故障后方可继续运行。

②在运行中发现电梯失控时，应立即按下急停按钮；在未排除故障前，不得打开急停按钮。

③在运行中发现制动器失灵时，可将梯笼开至底层维修；或者让其下滑防坠安全器制动。

④在运行中发现故障时，不要惊慌，电梯的安全装置将提供可靠的保护；应听从专业人员的安排，或等待修复，或听从专业人员的指挥撤离。

(12)作业后，应将梯笼降到底层，各控制开关拨到零位，切断电源，锁好开关箱，闭锁梯笼门和围护门。

4. 物料提升机使用安全常识

物料提升机有龙门架、井字架式的，也有的称为(货用)施工升降机，是施工现场物料垂直运输的主要机械设备。

(1)物料提升机用于运载物料，严禁载人上下；装卸料人员、维修人员必须在安全装置可靠或采取了可靠的措施后，方可进入吊笼内作业。

(2)物料提升机进料口必须加装安全防护门，并按高处作业规范搭设防护棚，并设安全通道，防止从棚外进入架体中。

(3)物料提升机在运行时，严禁对设备进行保养、维修，任何人不得攀登架体或从架体内穿过。

(4)运载物料的要求。

①运送散料时，应使用料斗装载，并放置平稳；使用手推斗车装置于吊笼时，必须将手推斗车平稳并制动放置，注意车把手

及车不能伸出吊笼。

②运送长料时，物料不得超出吊笼；物料立放时，应捆绑牢固。

③物料装载时，应均匀分布，不得偏重，严禁超载运行。

(5)物料提升机的架体应有附墙或缆风绳，并应牢固可靠，符合说明书和规范的要求。

(6)物料提升机的架体外侧应用小网眼安全网封闭，防止物料在运行时坠落。

(7)禁止在物料提升机架体上进行焊接、切割或者钻孔等作业，防止损伤架体的任何构件。

(8)出料口平台应牢固可靠，并应安装防护栏杆和安全门。运行时安全门应保持关闭。

(9)吊笼上应有安全门，防止物料坠落；并且安全门应与安全停靠装置联锁。安全停靠装置应灵敏可靠。

(10)楼层安全防护门应有电气或机械锁装置，在安全门未可靠关闭时，禁止吊笼运行。

(11)作业人员等待吊笼时，应在建筑物内或者平台内距安全门1m以外处等待。严禁将头、手伸出栏杆或安全门。

(12)进出料口应安装明确的联络信号，高架提升机还应有可视系统。

5. 起重吊装作业安全常识

起重吊装是指建筑工程中，采用相应的机械设备和设施来完成结构吊装和设施安装，属于危险作业，作业环境复杂，技术难度大。

(1)作业前应根据作业特点编制专项施工方案，并对参加作业人员进行方案和安全技术交底。

(2)作业时周边应设置警戒区域,设置醒目的警示标志,防止无关人员进入;特别危险处应设监护人员。

(3)起重吊装作业大多数作业点都必须由专业技术人员作业;属于特种作业的人员必须按国家有关规定经专门安全作业培训,取得特种作业操作资格证书,方可上岗作业。

(4)作业人员应根据现场作业条件选择安全的位置作业。在卷扬机与地滑轮穿越钢丝绳的区域,禁止人员站立和通行。

(5)吊装过程必须设有专人指挥,其他人员必须服从指挥。起重指挥不能兼作其他工种,并应确保起重司机清晰准确地听到指挥信号。

(6)作业过程必须遵守起重机"十不吊"原则。

(7)被吊物的捆绑要求,按塔式起重机被吊物捆绑作业要求。

(8)构件存放场地应该平整坚实。构件叠放用方木垫平,必须稳固,不准超高(一般不宜超过 1.6m)。构件存放除设置垫木外,必要时要设置相应的支撑,提高其稳定性。禁止无关人员在堆放的构件中穿行,防止发生构件倒塌挤人事故。

(9)在露天遇六级以上大风或大雨、大雪、大雾等天气时,应停止起重吊装作业。

(10)起重机作业时,起重臂和吊物下方严禁有人停留、工作或通过。重物吊运时,严禁人从上方通过。严禁用起重机载运人员。

(11)经常使用的起重工具注意事项。

①手动倒链:操作人员应经培训合格后方可上岗作业,吊物时应挂牢后慢慢拉动倒链,不得斜向拽拉。当一人拉不动时,应查明原因,禁止多人一齐猛拉。

②手搬葫芦:操作人员应经培训合格后方可上岗作业,使用

前检查自锁夹钳装置的可靠性，当夹紧钢丝绳后，应能往复运动，否则禁止使用。

③千斤顶：操作人员应经培训合格后方可上岗作业，千斤顶置于平整坚实的地面上，并垫木板或钢板，防止地面沉陷。顶部与光滑物接触面应垫硬木，防止滑动。开始操作应逐渐顶升，注意防止顶歪，始终保持重物的平衡。

七、中小型施工机械安全操作常识

1. 基本安全操作要求

施工机械的使用必须按“定人、定机”制度执行。操作人员必须经培训合格，方可上岗作业，其他人员不得擅自使用。机械使用前，必须对机械设备进行检查，各部位确认完好无损，并空载试运行，符合安全技术要求，方可使用。

施工现场机械设备必须按其控制的要求，配备符合规定的控制设备，严禁使用倒顺开关。在使用机械设备时，必须严格按照安全操作规程，严禁违章作业；发现有故障、有异常响动、温度异常升高时，都必须立即停机，经过专业人员维修，并检验合格后，方可重新投入使用。

操作人员应做到“调整、紧固、润滑、清洁、防腐”十字作业的要求，按有关要求对机械设备进行保养。操作人员在作业时，不得擅自离开工作岗位。下班时，应先将机械停止运行，然后断开电源，锁好电箱，方可离开。

2. 混凝土(砂浆)搅拌机安全操作要求

(1)搅拌机的安装一定要平稳、牢固。长期固定使用时，应埋置地脚螺栓；短期使用时，应在机座上铺设木枕或撑架找平，牢固放置。

(2)料斗提升时,严禁在料斗下工作或穿行。清理料斗坑时,必须先切断电源,锁好电箱,并将料斗双保险钩挂牢或插上保险插销。

(3)运转时,严禁将头或手伸入料斗与机架之间查看,不得用工具或物件伸入搅拌筒内。

(4)运转中严禁保养维修。维修保养搅拌机,必须拉闸断电,锁好电箱,挂好“有人工作,严禁合闸”牌,并有专人监护。

3. 混凝土振动器安全操作要求

常用的混凝土振动器有插入式和平板式。

(1)振动器应安装漏电保护装置,保护接零应牢固可靠。作业时操作人员应穿戴绝缘胶鞋和绝缘手套。

(2)使用前,应检查各部位无损伤,并确认连接牢固,旋转方向正确。

(3)电缆线应满足操作所需的长度。严禁用电缆线拖拉或吊挂振动器。振动器不得在初凝的混凝土、地板、脚手架和干硬的地面上进行试振。在检修或作业间断时,应断开电源。

(4)作业时,振动棒软管的弯曲半径不得小于500mm,并不得多于两个弯,操作时应将振动棒垂直地沉入混凝土,不得用力硬插、斜推或让钢筋夹住棒头,也不得全部插入混凝土中,插入深度不应超过棒长的3/4,不宜触及钢筋、芯管及预埋件。

(5)作业停止需移动振动器时,应先关闭电动机,再切断电源。不得用软管拖拉电动机。

(6)平板式振动器工作时,应使平板与混凝土保持接触,待表面出浆,不再下沉后,即可缓慢移动;运转时,不得搁置在已凝或初凝的混凝土上。

(7)移动平板式振动器应使用干燥绝缘的拉绳，不得用脚踢电动机。

4. 钢筋切断机安全操作要求

(1)机械未达到正常转速时，不得切料。切料时，应使用切刀的中、下部位，紧握钢筋对准刃口迅速投入，操作者应站在固定刀片一侧用力压住钢筋，应防止钢筋末端弹出伤人。严禁用两手在刀片两边握住钢筋俯身送料。

(2)不得剪切直径及强度超过机械铭牌规定的钢筋和烧红的钢筋。一次切断多根钢筋时，其总截面积应在规定范围内。

(3)切断短料时，手和切刀之间的距离应保持在150mm以上，如手握端小于400mm时，应采用套管或夹具将钢筋短头压住或夹牢。

(4)运转中严禁用手直接清除切刀附近的断头和杂物。钢筋摆动周围和切刀周围，不得停留非操作人员。

5. 钢筋弯曲机安全操作要求

(1)应按加工钢筋的直径和弯曲半径的要求，装好相应规格的芯轴和成型轴、挡铁轴。芯轴直径应为钢筋直径的2.5倍。挡铁轴应有轴套，挡铁轴的直径和强度不得小于被弯钢筋的直径和强度。

(2)作业时，应将钢筋需弯曲一端插入转盘固定销的间隙内，另一端紧靠机身固定销，并用手压紧；应检查机身固定销并确认安放在挡住钢筋的一侧，方可开动。

(3)作业中，严禁更换轴芯、销子和变换角度以及调整，也不得进行清扫和加油。

(4)对超过机械铭牌规定直径的钢筋严禁进行弯曲。不直的钢筋不得在弯曲机上弯曲。

(5)在弯曲钢筋的作业半径内和机身不设固定销的一侧严禁站人。

(6)转盘换向时,应待停稳后进行。

(7)作业后,应及时清除转盘及插入座孔内的铁锈、杂物等。

6. 钢筋调直切断机安全操作要求

(1)应按调直钢筋的直径,选用适当的调直块及传动速度。调直块的孔径应比钢筋直径大2～5mm,传动速度应根据钢筋直径选用,直径大的宜选用慢速,经调试合格,方可作业。

(2)在调直块未固定、防护罩未盖好前不得送料。作业中严禁打开各部防护罩并调整间隙。

(3)当钢筋送入后,手与轮应保持一定的距离,不得接近。

(4)送料前应将不直的钢筋端头切除。导向筒前应安装一根1m长的钢管,钢筋应穿过钢管再送入调直机前端的导孔内。

7. 钢筋冷拉安全操作要求

(1)卷扬机的位置应使操作人员能见到全部的冷拉场地,卷扬机与冷拉中线的距离不得少于5m。

(2)冷拉场地应在两端地锚外侧设置警戒区,并应安装防护栏及醒目的警示标志。严禁非作业人员在此停留。操作人员在作业时必须离开钢筋2m以外。

(3)卷扬机操作人员必须看到指挥人员发出的信号,并待所有的人员离开危险区后方可作业。冷拉应缓慢、均匀。当有停车信号或有人进入危险区时,应立即停拉,并稍稍放松卷扬机钢丝绳。

(4)夜间作业的照明设施,应装设在张拉危险区外。当需要装设在场地上空时,其高度应超过 5m。灯泡应加防护罩。

8. 圆盘锯安全操作要求

(1)锯片必须平整,锯齿尖锐,不得连续缺齿 2 个,裂纹长度不得超过 20mm。

(2)被锯木料厚度,以锯片能露出木料 10～20mm 为限。

(3)启动后,必须等待转速正常后,方可进行锯料。

(4)关料时,不得将木料左右晃动或者高抬,遇木节要慢送料。锯料长度不小于 500mm。接近端头时,应用推棍送料。

(5)若锯线走偏,应逐渐纠正,不得猛扳。

(6)操作人员不应站在锯片同一直线上操作。手臂不得跨越锯片工作。

9. 蛙式夯实机安全操作要求

(1)夯实作业时,应一人扶夯,一人传递电缆线,且必须戴绝缘手套和穿绝缘鞋。电缆线不得扭结或缠绕,且不得张拉过紧,应保持有 3～4m 的余量。移动时,应将电缆线移至夯机后方,不得隔机扔电缆线,当转向困难时,应停机调整。

(2)作业时,手握扶手应保持机身平衡,不得用力向后压,并应随时调整行进方向。转弯时不宜用力过猛,不得急转弯。

(3)夯实填高土方时,应在边缘以内 100～150mm 夯实 2～3 遍后,再夯实边缘。

(4)在较大基坑作业时,不得在斜坡上夯行,应避免造成夯头后折。

(5)夯实房心土时,夯板应避开房心地下构筑物、钢筋混凝土基桩、机座及地下管道等。

(6)在建筑物内部作业时,夯板或偏心块不得打在墙壁上。

(7)多机作业时,机平列间距不得小于 5m,前后间距不得小于 10m。

(8)夯机前进方向和夯机四周 1m 范围内,不得站立非操作人员。

10. 振动冲击夯安全操作要求

(1)内燃冲击夯启动后,内燃机应慢速运转 3～5min,然后逐渐加大油门,待夯机跳动稳定后,方可作业。

(2)电动冲击夯在接通电源启动后,应检查电动机旋转方向,有错误时应倒换相联系线。

(3)作业时应正确掌握夯机,不得倾斜,手把不宜握得过紧,能控制夯机前进速度即可。

(4)正常作业时,不得使劲往下压手把,以免影响夯机跳起高度。在较松的填料上作业或上坡时,可将手把稍向下压,增加夯机前进速度。

(5)电动冲击夯操作人员必须戴绝缘手套,穿绝缘鞋。作业时,电缆线不应拉得过紧,应经常检查线头安装,不得松动及引起漏电。严禁冒雨作业。

11. 潜水泵安全操作要求

(1)潜水泵宜先装在坚固的篮筐里再放入水中,亦可在水中将泵的四周设立坚固的防护围网。泵应直立于水中,水深不得小于 0.5m,不得在含有泥沙的水中使用。

(2)潜水泵放入水中或提出水面时,应先切断电源,严禁拉拽电缆或出水管。

(3)潜水泵应装设保护接零和漏电保护装置,工作时泵周围

30m以内水面，不得有人、畜进入。

(4)应经常观察水位变化，叶轮中心至水平距离应在0.5～3.0m之间，泵体不得陷入污泥或露出水面。电缆不得与井壁、池壁相擦。

(5)每周应测定一次电动机定子绕组的绝缘电阻，其值应无下降。

12. 交流电焊机安全操作要求

(1)外壳必须有保护接零，应有二次空载降压保护器和触电保护器。

(2)电源应使用自动开关，接线板应无损坏，有防护罩。一次线长度不超过5m，二次线长度不得超过30m。

(3)焊接现场10m范围内，不得有易燃、易爆物品。

(4)雨天不得室外作业。在潮湿地点焊接时，要站在胶板或其他绝缘材料上。

(5)移动电焊机时，应切断电源，不得用拖拉电缆的方法移动。当焊接中突然停电时，应立即切断电源。

13. 气焊设备安全操作要求

(1)氧气瓶与乙炔瓶使用时的间距不得小于5m，存放时的间距不得小于3m，并且距高温、明火等不得小于10m；达不到上述要求时，应采取隔离措施。

(2)乙炔瓶存放和使用必须立放，严禁倒放。

(3)在移动气瓶时，应使用专门的抬架或小推车；严禁氧气瓶与乙炔瓶混合搬运；禁止直接使用钢丝绳、链条捆绑搬运。

(4)开关气瓶应使用专用工具。

(5)严禁敲击、碰撞气瓶，作业人员工作时不得吸烟。

第4部分　相关法律法规及务工常识

一、相关法律法规(摘录)

1. 中华人民共和国建筑法(摘录)

第三十六条　建筑工程安全生产管理必须坚持安全第一、预防为主的方针,建立健全安全生产的责任制度和群防群治制度。

第四十四条　建筑施工企业必须依法加强对建筑安全生产的管理,执行安全生产责任制度,采取有效措施,防止伤亡和其他安全生产事故的发生。

建筑施工企业的法定代表人对本企业的安全生产负责。

第四十六条　建筑施工企业应当建立健全劳动安全生产教育培训制度,加强对职工安全生产的教育培训;未经安全生产教育培训的人员,不得上岗作业。

第四十七条　建筑施工企业和作业人员在施工过程中,应当遵守有关安全生产的法律、法规和建筑行业安全规章、规程,不得违章指挥或者违章作业。作业人员有权对影响人身健康的作业程序和作业条件提出改进意见,有权获得安全生产所需的防护用品。作业人员对危及生命安全和人身健康的行为有权提出批评、检举和控告。

第四十八条　建筑施工企业应当依法为职工参加工伤保险,缴纳工伤保险费,鼓励企业为从事危险作业的职工办理意外伤害保险，支付保险费。

第五十一条　施工中发生事故时，建筑施工企业应当采取紧急措施减少人员伤亡和事故损失，并按照国家有关规定及时向有关部门报告。

2. 中华人民共和国劳动法(摘录)

第三条　劳动者享有平等就业和选择职业的权利、取得劳动报酬的权利、休息休假的权利、获得劳动安全卫生保护的权利、接受职业技能培训的权利、享受社会保险和福利的权利、提请劳动争议处理的权利以及法律规定的其他劳动权利。劳动者应当完成劳动任务，提高职业技能，执行劳动安全卫生规程，遵守劳动纪律和职业道德。

第十五条　禁止用人单位招用未满十六周岁的未成年人。

第十六条　劳动合同是劳动者与用人单位确立劳动关系、明确双方权利和义务的协议。

建立劳动关系应当订立劳动合同。

第五十四条　用人单位必须为劳动者提供符合国家规定的劳动安全卫生条件和必要的劳动防护用品，对从事有职业危害作业的劳动者应当定期进行健康检查。

第五十五条　从事特种作业的劳动者必须经过专门培训并取得特种作业资格。

第五十六条　劳动者在劳动过程中必须严格遵守安全操作规程。劳动者对用人单位管理人员违章指挥、强令冒险作业，有权拒绝执行；对危害生命安全和身体健康的行为，有权提出批评、检举和控告。

第五十八条　国家对女职工和未成年工实行特殊劳动保护。

未成年工是指年满十六周岁、未满十八周岁的劳动者。

第六十八条　用人单位应当建立职业培训制度，按照国家规定提取和使用职业培训经费，根据本单位实际，有计划地对劳动者进行职业培训。从事技术工种的劳动者，上岗前必须经过培训。

第七十二条　用人单位和劳动者必须依法参加社会保险，缴纳社会保险费。

第七十七条　用人单位与劳动者发生劳动争议，当事人可以依法申请调解、仲裁、提起诉讼，也可协商解决。调解原则适用于仲裁和诉讼程序。

3. 中华人民共和国安全生产法（摘录）

第六条　生产经营单位的从业人员有依法获得安全生产保障的权利，并应当依法履行安全生产方面的义务。

第十七条　生产经营单位应当具备本法和有关法律、行政法规和国家标准或者行业标准规定的安全生产条件；不具备安全生产条件的，不得从事生产经营活动。

第十八条　生产经营单位的主要负责人对本单位安全生产工作负有下列职责：

（一）建立、健全本单位安全生产责任制；

（二）组织制定本单位安全生产规章制度和操作规程；

（三）组织制定并实施本单位安全生产教育和培训计划；

（四）保证本单位安全生产投入的有效实施；

（五）督促、检查本单位的安全生产工作，及时消除生产安全事故隐患；

（六）组织制定并实施本单位的生产安全事故应急救援预案；

（七）及时、如实报告生产安全事故。

第二十五条　生产经营单位应当对从业人员进行安全生产教育和培训，保证从业人员具备必要的安全生产知识，熟悉有关的安全生产规章制度和安全操作规程，掌握本岗位的安全操作技能，了解事故应急处理措施，知悉自身在安全生产方面的权利和义务。未经安全生产教育和培训合格的从业人员，不得上岗作业。

第二十七条　生产经营单位的特种作业人员必须按照国家有关规定经专门的安全作业培训，取得相应资格，方可上岗作业。

特种作业人员的范围由国务院安全生产监督管理部门会同国务院有关部门确定。

第四十一条　生产经营单位应当教育和督促从业人员严格执行本单位的安全生产规章制度和安全操作规程；并向从业人员如实告知作业场所和工作岗位存在的危险因素、防范措施以及事故应急措施。

第四十二条　生产经营单位必须为从业人员提供符合国家标准或者行业标准的劳动防护用品，并监督、教育从业人员按照使用规则佩戴、使用。

第四十四条　生产经营单位应当安排用于配备劳动防护用品、进行安全生产培训的经费。

第四十八条　生产经营单位必须依法参加工伤保险，为从业人员缴纳保险费。

国家鼓励生产经营单位投保安全生产责任保险。

第四十九条　生产经营单位与从业人员订立的劳动合同，应当载明有关保障从业人员劳动安全、防止职业危害的事项，以及依法为从业人员办理工伤保险的事项。

生产经营单位不得以任何形式与从业人员订立协议，免除或者减轻其对从业人员因生产安全事故伤亡依法应承担的责任。

第五十条　生产经营单位的从业人员有权了解其作业场所和工作岗位存在的危险因素、防范措施及事故应急措施，有权对本单位的安全生产工作提出建议。

第五十一条　从业人员有权对本单位安全生产工作中存在的问题提出批评、检举、控告，有权拒绝违章指挥和强令冒险作业。

生产经营单位不得因从业人员对本单位安全生产工作提出批评、检举、控告或者拒绝违章指挥、强令冒险作业而降低其工资、福利等待遇，或者解除与其订立的劳动合同。

第五十二条　从业人员发现直接危及人身安全的紧急情况时，有权停止作业或者在采取可能的应急措施后撤离作业场所。

生产经营单位不得因从业人员在前款紧急情况下停止作业或者采取紧急撤离措施而降低其工资、福利等待遇或者解除与其订立的劳动合同。

第五十三条　因生产安全事故受到损害的从业人员，除依法享有工伤保险外，依照有关民事法律尚有获得赔偿的权利的，有权向本单位提出赔偿要求。

第五十四条　从业人员在作业过程中，应当严格遵守本单位的安全生产规章制度和操作规程，服从管理，正确佩戴和使用劳动防护用品。

第五十五条　从业人员应当接受安全生产教育和培训，掌握本职工作所需的安全生产知识，提高安全生产技能，增强事故预防和应急处理能力。

第五十六条　从业人员发现事故隐患或者其他不安全因

素，应当立即向现场安全生产管理人员或者本单位负责人报告；接到报告的人员应当及时予以处理。

4. 建设工程安全生产管理条例（摘录）

第十八条　施工起重机械和整体提升脚手架、模板等自升式架设设施的使用达到国家规定的检验、检测期限的，必须经具有专业资质的检验、检测机构检测。经检测不合格的，不得继续使用。

第二十五条　垂直运输机械作业人员、安装拆卸工、爆破作业人员、起重信号工、登高架设作业人员等特种作业人员，必须按照国家有关规定经过专门的安全作业培训，并取得特种作业操作资格证书后，方可上岗作业。

第二十七条　建设工程施工前，施工单位负责项目管理的技术人员应当对有关安全施工的技术要求向施工作业班组、作业人员做出详细说明，并由双方签字确认。

第二十八条　施工单位应当在施工现场入口处、施工起重机械、临时用电设施、脚手架、出入通道口、楼梯口、电梯井口、孔洞口、桥梁口、隧道口、基坑边沿、爆破物及有害危险气体和液体存放处等危险部位，设置明显的安全警示标志。安全标志必须符合国家标准。

第二十九条　施工单位应当将施工现场的办公、生活区与作业区分开设置，并保持安全距离；办公、生活区的选择应当符合安全性要求。职工的膳食、饮水、休息场所等应当符合卫生标准。施工单位不得在尚未竣工的建筑物内设置员工集体宿舍。

施工现场临时搭建的建筑物应当符合安全使用要求。施工现场使用的装配式活动房屋应当具有产品合格证。

第三十二条　施工单位应当向作业人员提供安全防护用具

和安全防护服装，并书面告知危险岗位的操作规程和违章操作的危害。

作业人员有权对施工现场的作业条件、作业程序和作业方式中存在的安全问题提出批评、检举和控告，有权拒绝违章指挥和强令冒险作业。

在施工中发生危及人身安全的紧急情况时，作业人员有权立即停止作业或者在采取必要的应急措施后撤离危险区域。

第三十三条　作业人员应当遵守安全施工的强制性标准、规章制度和操作规程，正确使用安全防护用具、机械设备等。

第三十六条　施工单位应当对管理人员和作业人员每年至少进行一次安全生产教育培训，其教育培训情况记入个人工作档案。安全生产教育培训考核不合格的人员，不得上岗。

第三十七条　作业人员进入新的岗位或者新的施工现场前，应当接受安全生产教育培训。未经教育培训或者教育培训考核不合格的人员，不得上岗作业。

施工单位在采用新技术、新工艺、新设备、新材料时，应当对作业人员进行相应的安全生产教育培训。

第三十八条　施工单位应当为施工现场从事危险作业的人员办理意外伤害保险。

意外伤害保险费由施工单位支付。

5. 工伤保险条例（摘录）

第二条　中华人民共和国境内的企业、事业单位、社会团体、民办非企业单位、基金会、律师事务所、会计师事务所等组织和有雇工的个体工商户（以下称用人单位）应当依照本条例规定参加工伤保险，为本单位全部职工或者雇工（以下称职工）缴纳工伤保险费。

中华人民共和国境内的企业、事业单位、社会团体、民办非企业单位、基金会、律师事务所、会计师事务所等组织的职工和个体工商户的雇工，均有依照本条例的规定享受工伤保险待遇的权利。

第十条　用人单位应当按时缴纳工伤保险费。职工个人不缴纳工伤保险费。

第二十一条　职工发生工伤，经治疗伤情相对稳定后存在残疾、影响劳动能力的，应当进行劳动能力鉴定。

第三十条　职工因工作遭受事故伤害或者患职业病进行治疗，享受工伤医疗待遇……

二、务工就业及社会保险

1. 劳动合同

(1)用人单位应当依法与劳动者签订劳动合同。

劳动合同是劳动者与用人单位确立劳动关系、明确双方权利和义务的协议。建立劳动关系应当订立劳动合同。订立和变更劳动合同，应遵循平等自愿、协商一致的原则，不得违反法律、行政法规的规定。劳动合同应当具备以下必备条款：

①劳动合同期限。即劳动合同的有效时间。

②工作内容。即劳动者在劳动合同有效期内所从事的工作岗位(工种)，以及工作应达到的数量、质量指标或者应当完成的任务。

③劳动保护和劳动条件。即为了保障劳动者在劳动过程中的安全、卫生及其他劳动条件，用人单位根据国家有关法律、法规而采取的各项保护措施。

④劳动报酬。即在劳动者提供了正常劳动的情况下，用人

单位应当支付的工资。

⑤劳动纪律。即劳动者在劳动过程中必须遵守的工作秩序和规则。

⑥劳动合同终止的条件。即除了期限以外其他由当事人约定的特定法律事实，这些事实一出现，双方当事人之间的权利义务关系终止。

⑦违反劳动合同的责任。即当事人不履行劳动合同或者不完全履行劳动合同，所应承担的相应法律责任。

(2)试用期应包括在劳动合同期限之中。

根据《中华人民共和国劳动法》(以下简称《劳动法》)规定，用人单位与劳动者签订的劳动合同期限可以分为三类：

①有固定期限，即在合同中明确约定效力期间，期限可长可短，长到几年、十几年，短到一年或者几个月。

②无固定期限，即劳动合同中只约定了起始日期，没有约定具体终止日期。无固定期限劳动合同可以依法约定终止劳动合同条件，在履行中只要不出现约定的终止条件或法律规定的解除条件，一般不能解除或终止，劳动关系可以一直存续到劳动者退休为止。

③以完成一定的工作为期限，即以完成某项工作或者某项工程为有效期限，该项工作或者工程一经完成，劳动合同即终止。

签订劳动合同可以不约定试用期，也可以约定试用期，但试用期最长不得超过 6 个月。劳动合同期限在 6 个月以下的，试用期不得超过 15 日；劳动合同期限在 6 个月以上 1 年以下的，试用期不得超过 30 日；劳动合同期限在 1 年以上 2 年以下的，试用期不得超过 60 日。试用期包括在劳动合同期限中。非全日制劳动合同，不得约定试用期。

(3)订立劳动合同时,用人单位不得向劳动者收取定金、保证金或扣留居民身份证。

根据劳动保障部《劳动力市场管理规定》,禁止用人单位招用人员时向求职者收取招聘费用、向被录用人员收取保证金或抵押金、扣押被录用人员的身份证等证件。用人单位违反规定的,由劳动保障行政部门责令改正,并可处以1000元以下罚款;对当事人造成损害的,应承担赔偿责任。

(4)劳动者不必履行无效的劳动合同。

①无效的劳动合同是指不具有法律效力的劳动合同。根据《劳动法》的规定,下列劳动合同无效:

a. 违反法律、行政法规的劳动合同。

b. 采取欺诈、威胁等手段订立的劳动合同。劳动合同的无效,由劳动争议仲裁委员会或者人民法院确认。无效的劳动合同,从订立的时候起,就没有法律约束力。也就是说,劳动者自始至终都无须履行无效劳动合同。确认劳动合同部分无效的,如果不影响其余部分的效力,其余部分仍然有效。

②由于用人单位的原因订立的无效合同,对劳动者造成损害的,应当承担赔偿责任。具体包括:

a. 造成劳动者工资收入损失的,按劳动者本人应得工资收入支付给劳动者,并加付应得工资收入25%的赔偿费用。

b. 造成劳动者劳动保护待遇损失的,应按国家规定补足劳动者的劳动保护津贴和用品。

c. 造成劳动者工伤、医疗待遇损失的,除按国家规定为劳动者提供工伤、医疗待遇外,还应支付劳动者相当于医疗费用25%的赔偿费用。

d. 造成女职工和未成年工身体健康损害的,除按国家规定提供治疗期间的医疗待遇外,还应支付相当于其医疗费用25%

的赔偿费用。

e.劳动合同约定的其他赔偿费用。

(5)用人单位不得随意变更劳动合同。

劳动合同的变更，是指劳动关系双方当事人就已订立的劳动合同的部分条款达成修改、补充或者废止协定的法律行为。《劳动法》规定，变更劳动合同，应当遵循平等自愿、协商一致的原则，不得违反法律、行政法规的规定。经双方协商同意依法变更后的劳动合同继续有效，对双方当事人都有约束力。

(6)解除劳动合同应当符合《劳动法》的规定。

劳动合同的解除，是指劳动合同有效成立后至终止前这段时期内，当具备法律规定的劳动合同解除条件时，因用人单位或劳动者一方或双方提出，而提前解除双方的劳动关系。根据《劳动法》的规定，劳动者可以和用人单位协商解除劳动合同，也可以在符合法律规定的情况下单方解除劳动合同。

①劳动者单方解除。

a.《劳动法》第三十一条规定：劳动者解除劳动合同，应当提前三十日以书面形式通知用人单位。这是劳动者解除劳动合同的条件和程序。劳动者提前三十日以书面形式通知用人单位解除劳动合同，无须征得用人单位的同意，用人单位应及时办理有关解除劳动合同的手续。但由于劳动者违反劳动合同的有关约定而给用人单位造成经济损失的，应依据有关规定和劳动合同的约定，由劳动者承担赔偿责任。

b.《劳动法》第三十二条规定：有下列情形之一的，劳动者可以随时通知用人单位解除劳动合同：

(a)在试用期内的；

(b)用人单位以暴力、威胁或者非法限制人身自由的手段强迫劳动的；

(c)用人单位未按照劳动合同约定支付劳动报酬或者提供劳动条件的。

②用人单位单方解除。

a.《劳动法》第二十五条规定，劳动者有下列情形之一的，用人单位可以解除劳动合同：

(a)在试用期间被证明不符合录用条件的；

(b)严重违反劳动纪律或者用人单位规章制度的；

(c)严重失职、营私舞弊，对用人单位利益造成重大损害的；

(d)被依法追究刑事责任的。

b.《劳动法》第二十六条规定：有下列情形之一的，用人单位可以解除劳动合同，但是应当提前三十日以书面形式通知劳动者本人：

(a)劳动者患病或者非因工负伤，医疗期满后，既不能从事原工作也不能从事由用人单位另行安排的工作的；

(b)劳动者不能胜任工作，经过培训或者调整工作岗位，仍不能胜任工作的；

(c)劳动合同订立时所依据的客观情况发生重大变化，致使原劳动合同无法履行，经当事人协商不能就变更劳动合同达成协议的。

c.《劳动法》第二十七条规定：用人单位濒临破产进行法定整顿期间或者生产经营状况发生严重困难，确需裁减人员的，应当提前三十日向工会或者全体职工说明情况，听取工会或者职工的意见，经向劳动保障行政部门报告后，可以裁减人员。并且规定，用人单位自裁减人员之日起六个月内录用人员的，应当优先录用被裁减的人员。

(7)用人单位解除劳动合同应当依法向劳动者支付经济补偿金。

根据《劳动法》规定，在下列情况下，用人单位解除与劳动者的劳动合同，应当根据劳动者在本单位的工作年限，每满一年发给相当于一个月工资的经济补偿金：

①经劳动合同当事人协商一致，由用人单位解除劳动合同的。

②劳动者不能胜任工作，经过培训或者调整工作岗位仍不能胜任工作，由用人单位解除劳动合同的。

以上两种情况下支付经济补偿金，最多不超过 12 个月。

③劳动合同订立时所依据的客观情况发生了重大变化，致使原劳动合同无法履行，经当事人协商不能就变更劳动合同达成协议，由用人单位解除劳动合同的。

④用人单位濒临破产进行法定整顿期间或者生产经营状况发生严重困难，必须裁减人员，由用人单位解除劳动合同的。

⑤劳动者患病或者非因工负伤，经劳动鉴定委员会确认不能从事原工作，也不能从事用人单位另行安排的工作而解除劳动合同的；在这类情况下，同时应发给不低于 6 个月工资的医疗补助费。劳动者患重病或者绝症的还应增加医疗补助费，患重病的增加部分不低于医疗补助费的 50％，患绝症的增加部分不低于医疗补助费的 100％。

另外，用人单位解除劳动者劳动合同后，未按以上规定给予劳动者经济补偿的，除必须全额发给经济补偿金外，还须按欠发经济补偿金数额的 50％支付额外经济补偿金。

经济补偿金应当一次性发给。劳动者在本单位工作时间不满一年的按一年的标准计算。计算经济补偿金的工资标准是企业正常生产情况下，劳动者解除合同前 12 个月的月平均工资；在以上第③、④、⑤类情况下，给予经济补偿金的劳动者月平均工资低于企业月平均工资的，应按企业月平均工资支付。

(8)用人单位不得随意解除劳动合同。

《劳动法》及《违反〈劳动法〉有关劳动合同规定的赔偿办法》(劳部发[1995]223号)规定,用人单位不得随意解除劳动合同。用人单位违法解除劳动合同的,由劳动保障行政部门责令改正;对劳动者造成损害的,应当承担赔偿责任。具体赔偿标准是:

①造成劳动者工资收入损失的,按劳动者本人应得工资收入支付劳动者,并加付应得工资收入25%的赔偿费用。

②造成劳动者劳动保护待遇损失的,应按国家规定补足劳动者的劳动保护津贴和用品。

③造成劳动者工伤、医疗待遇损失的,除按国家规定为劳动者提供工伤、医疗待遇外,还应支付劳动者相当于医疗费用25%的赔偿费用。

④造成女职工和未成年工身体健康损害的,除按国家规定提供治疗期间的医疗待遇外,还应支付相当于其医疗费用25%的赔偿费用。

⑤劳动合同约定的其他赔偿费用。

2. 工资

(1)用人单位应该按时足额支付工资。

《劳动法》中的"工资"是指用人单位依据国家有关规定或劳动合同的约定,以货币形式直接支付给本单位劳动者的劳动报酬,一般包括计时工资、计件工资、奖金、津贴和补贴、延长工作时间的工资报酬以及特殊情况下支付的工资等。

(2)用人单位不得克扣劳动者工资。

《劳动法》以及《违反〈中华人民共和国劳动法〉行政处罚办法》等规定,用人单位不得克扣劳动者工资。用人单位克扣劳动者工资的,由劳动保障行政部门责令支付劳动者的工资报酬,并加发相当于工资报酬25%的经济补偿金。并可责令用人单位按相当于支付劳动者工资报酬、经济补偿总和的一至五倍支付劳动者赔偿金。

“克扣工资”是指用人单位无正当理由扣减劳动者应得工资(即在劳动者已提供正常劳动的前提下,用人单位按劳动合同规定的标准应当支付给劳动者的全部劳动报酬)。

(3)用人单位不得无故拖欠劳动者工资。

《劳动法》以及《违反〈中华人民共和国劳动法〉行政处罚办法》等规定,用人单位无故拖欠劳动者工资的,由劳动保障行政部门责令支付劳动者的工资报酬,并加发相当于工资报酬25%的经济补偿金。并可责令用人单位按相当于支付劳动者工资报酬、经济补偿总和的一至五倍支付劳动者赔偿金。

“无故拖欠工资”是指用人单位无正当理由超过规定付薪时间未支付劳动者工资。

(4)农民工工资标准。

①在劳动者提供正常劳动的情况下,用人单位支付的工资不得低于当地最低工资标准。

根据《劳动法》、劳动保障部《最低工资规定》等规定,在劳动者提供正常劳动的情况下,用人单位应支付给劳动者的工资在剔除下列各项以后,不得低于当地最低工资标准:

a. 延长工作时间工资。

b. 中班、夜班、高温、低温、井下、有毒有害等特殊工作环境条件下的津贴。

c. 法律、法规和国家规定的劳动者福利待遇等。

实行计件工资或提成工资等工资形式的用人单位,在科学合理的劳动定额基础上,其支付劳动者的工资不得低于相应的最低工资标准。

用人单位违反以上规定的，由劳动保障行政部门责令其限期补发所欠劳动者工资，并可责令其按所欠工资的一至五倍支付劳动者赔偿金。

②在非全日制劳动者提供正常劳动的情况下，用人单位支付的小时工资不得低于当地小时工资最低标准。

劳动保障部《最低工资规定》《关于非全日制用工若干问题的意见》规定，非全日制用工是指以小时计酬、劳动者在同一用人单位平均每日工作时间不超过5h、累计每周工作时间不超过30h的用工形式。用人单位应当按时足额支付非全日制劳动者的工资，具体可以按小时、日、周或月为单位结算。在非全日制劳动者提供正常劳动的情况下，用人单位支付的小时工资不得低于当地小时工资最低标准。非全日制用工的小时工资最低标准由省、自治区、直辖市规定。

③用人单位安排劳动者加班加点应依法支付加班加点工资。

《劳动法》以及《违反〈中华人民共和国劳动法〉行政处罚办法》等规定，用人单位安排劳动者加班加点应依法支付加班加点工资。用人单位拒不支付加班加点工资的，由劳动保障行政部门责令支付劳动者的工资报酬，并加发相当于工资报酬25%的经济补偿金。并可责令用人单位按相当于支付劳动者工资报酬、经济补偿总和的一至五倍支付劳动者赔偿金。

劳动者日工资可统一按劳动者本人的月工资标准除以每月制度工作天数进行折算。职工全年月平均工作天数和工作时间分别为20.92天和167.4h，职工的日工资和小时工资按此进行折算。

3. 社会保险

(1)农民工有权参加基本医疗保险。

根据国家有关规定，各地要逐步将与用人单位形成劳动关系的农村进城务工人员纳入医疗保险范围。根据农村进城务工人员的特点和医疗需求，合理确定缴费率和保障方式，解决他们在务工期间的大病医疗保障问题，用人单位要按规定为其缴纳医疗保险费。对在城镇从事个体经营等灵活就业的农村进城务工人员，可以按照灵活就业人员参保的有关规定参加医疗保险。据此，在已经将农民工纳入医疗保险范围的地区，农民工有权参加医疗保险，用人单位和农民工本人应依法缴纳医疗保险费，农民工患病时，可以按照规定享受有关医疗保险待遇。

（2）农民工有权参加基本养老保险。

按照国务院《社会保险费征缴暂行条例》等有关规定，基本养老保险覆盖范围内的用人单位的所有职工，包括农民工，都应该参加养老保险，履行缴费义务。参加养老保险的农民合同制职工，在与企业终止或解除劳动关系后，由社会保险经办机构保留其养老保险关系，保管其个人账户并计息。凡重新就业的，应接续或转移养老保险关系；也可按照省级政府的规定，根据农民合同制职工本人申请，将其个人账户个人缴费部分一次性支付给本人，同时终止养老保险关系。农民合同制职工在男年满 60 周岁、女年满 55 周岁时，累计缴费年限满 15 年以上的，可按规定领取基本养老金；累计缴费年限不满 15 年的，其个人账户全部储存额一次性支付给本人。

（3）农民工有权参加失业保险。

根据《失业保险条例》规定，城镇企业事业单位招用的农民合同制工人应该参加失业保险，用人单位按规定为农民工缴纳社会保险费，农民合同制工人本人不缴纳失业保险费。单位招用的农民合同制工人连续工作满 1 年，本单位并已缴纳失业保险费，劳动合同期满未续订或者提前解除劳动合同的，由社会保险经办机构根据其工作时间长短，对其支付一次性生活补助。

补助的办法和标准由省、自治区、直辖市人民政府规定。

(4)用人单位应依法为农民工参加生育保险。

目前我国的生育保险制度还没有普遍建立,各地工作进展不平衡。从各地制定的规定看,有的地区没有将农民工纳入生育保险覆盖范围,有的地区则将农民工纳入了生育保险覆盖范围。如果农民工所在地区将农民工纳入了生育保险覆盖范围,农民工所在单位应按规定为农民工参加生育保险并缴纳生育保险费,符合规定条件的生育农民工依法享受生育保险待遇。

(5)劳动争议与调解处理。

劳动争议,也称劳动纠纷,就是指劳动关系当事人双方(用人单位和劳动者)之间因执行劳动法律、法规或者履行劳动合同以及其他劳动问题而发生劳动权利与义务方面的纠纷。

①劳动争议的范围。劳动争议的内容,是指劳动合同关系中当事人的权利与义务。所以,用人单位与劳动者之间发生的争议不都是劳动争议。只有在争议涉及劳动关系双方当事人在劳动关系中的权利和义务时,它才是劳动争议。劳动争议包括:因开除、除名、辞退职工和职工辞职、自动离职发生的争议;因执行国家有关工资、保险、福利、培训、劳动保护的规定发生的争议;因履行劳动合同发生的争议等。

②劳动争议处理机构。我国的劳动争议处理机构主要有:企业劳动争议调解委员会、各级政府劳动争议仲裁委员会和人民法院。根据《劳动法》等的规定:在用人单位内可以设劳动争议调解委员会,负责调解本单位的劳动争议;在县、市、市辖区应当设立劳动争议仲裁委员会;各级人民法院的民事审判庭负责劳动争议案件的审理工作。

③劳动争议的解决方法。根据我国有关法律、法规的规定,解决劳动争议的方法如下:

a. 协商。劳动争议发生后，双方当事人应当先进行协商，以达成解决方案。

b. 调解。就是企业调解委员会对本单位发生的劳动争议进行调解。从法律、法规的规定看，这并不是必经的程序。但它对于劳动争议的解决却起到很大作用。

c. 仲裁。劳动争议调解不成的，当事人可以向劳动争议仲裁委员会申请仲裁。当事人也可以直接向劳动争议仲裁委员会申请仲裁。当事人从知道或应当知道其权利被侵害之日起 60 日内，以书面形式向仲裁委员会申请仲裁。仲裁委员会应当自收到申请书之日起 7 日内做出受理或不予受理的决定。

d. 诉讼。当事人对仲裁裁决不服的，可以自收到仲裁裁决之日起 15 日内向人民法院起诉。人民法院民事审判庭受理和审理劳动争议案件。

④维护自身权益要注意法定时限。劳动者通过法律途径维护自身权益，一定要注意不能超过法律规定的时限。劳动者通过劳动争议仲裁、行政复议等法律途径维护自身合法权益，或者申请工伤认定、职业病诊断与鉴定等，一定要注意在法定的时限内提出申请。如果超过了法定时限，有关申请可能不会被受理，致使自身权益难以得到保护。主要的时限包括：

a. 申请劳动争议仲裁的，应当在劳动争议发生之日（即当事人知道或应当知道其权利被侵害之日）起 60 日内向劳动争议仲裁委员会申请仲裁。

b. 对劳动争议仲裁裁决不服、提起诉讼的，应当自收到仲裁裁决书之日起 15 日内，向人民法院提起诉讼。

c. 申请行政复议的，应当自知道该具体行政行为之日起 60 日内提出行政复议申请。

d. 对行政复议决定不服、提起行政诉讼的，应当自收到行政复议决定书之日起15日内，向人民法院提起行政诉讼。

e. 直接向人民法院提起行政诉讼的，应当在知道做出具体行政行为之日起3个月内提出，法律另有规定的除外。因不可抗力或者其他特殊情况耽误法定期限的，在障碍消除后的10日内，可以申请延长期限，由人民法院决定。

f. 申请工伤认定的，所在单位应当自事故伤害发生之日或者被诊断、鉴定为职业病之日起30日内，向统筹地区劳动保障行政部门提出工伤认定申请。遇有特殊情况，经报劳动保障行政部门同意，申请时限可以适当延长。用人单位未按前款规定提出工伤认定申请的，工伤职工或者其直系亲属、工会组织在事故伤害发生之日或者被诊断、鉴定为职业病之日起1年内，可以直接向用人单位所在地统筹地区劳动保障行政部门提出工伤认定申请。

三、工人健康卫生知识

1. 常见疾病的预防和治疗

(1)流行性感冒。

①流行性感冒的传播方式。流行性感冒简称流感，是由流感病毒引起的一种急性呼吸道传染病。流感的传染源主要是患者，病后1～7天均有传染性。流感主要通过呼吸道传播，传染性很强，常引起流行。一般常突然发生，迅速蔓延，患者数多。

提示：发生流行性感冒时应注意与病人保持一定距离，以免被传染。

②流行性感冒的症状。流感的症状与感冒类似，主要是发热及上呼吸道感染症状，如咽痛、鼻塞、流鼻涕、打喷嚏、咳嗽等。流感的全身症状重，而局部症状很轻。

③流行性感冒的预防。

a. 最主要的是注射流感疫苗，疫苗应于流感流行前 1～2 个月注射。因流感冬季易发，故常于每年 10 月左右进行注射。

b. 应当尽量避免接触病人，流行期间不到人多的地方去。

c. 增强身体抵抗力最重要，生活规律、适当锻炼、合理营养、精神愉快非常关键。

d. 避免过累、精神紧张、着凉、酗酒等。

（2）细菌性痢疾。

①细菌性痢疾的传播方式。细菌性痢疾（简称菌痢），是夏秋季节最常见的急性肠道传染病，由痢疾杆菌引起，以结肠化脓性炎症为主要病变。菌痢主要通过粪一口途径传播，即患者大便中的痢疾杆菌可以污染手、食物、水、蔬菜、水果等而进入口中引起感染。细菌性痢疾终年均有发生，但多流行于夏秋季节。人群对此病普遍易感，幼儿及青壮年发病率较高。

②细菌性痢疾的症状。细菌性痢疾病情可轻可重，轻者仅有轻度腹泻，重者可有发热、全身不适、乏力、恶心、呕吐、腹痛、腹泻。腹泻次数由一日数次至十数次不等，患者常有老想解大便可总也解不干净的感觉（里急后重），患者大便中常有黏液，重者有脓血。

③细菌性痢疾的预防。

a. 做好痢疾患者的粪便、呕吐物的消毒处理，管理好水源，防止病菌污染水源、土壤及农作物；患者使用过的厕所、餐具等也应消毒。

b. 不喝生水，不生吃水产品，蔬菜要洗净、炒熟再吃，水果应洗净削皮后食用。

c. 养成饭前、便后洗手的习惯，不吃被苍蝇、蟑螂叮咬过或爬过的食物，积极做好灭苍蝇、灭蟑螂工作。

d. 加强体育锻炼，增强体质。

重点：注意个人卫生，养成饭前、便后洗手的习惯。

(3)食物中毒。

①细菌性食物中毒的传播方式。细菌性食物中毒是由于进食被细菌或细菌毒素污染的食物而引起的急性感染中毒性疾病。细菌性食物中毒是典型的肠道传染病，发生原因主要有以下几个方面：

a. 食物在宰杀或收割、运输、储存、销售等过程中受到病菌的污染。

b. 被致病菌污染的食物在较高的温度下存放，食品中充足的水分、适宜的酸碱度及营养条件使致病菌大量繁殖或产生毒素。

c. 食品在食用前未烧透或熟食受到生食交叉污染。

d. 在缺氧环境中(如罐头等)肉毒杆菌产生毒素。

②细菌性食物中毒的症状。胃肠型细菌性食物中毒是食物中毒中最常见的一种，是由于食用了被细菌或细菌毒素污染的食物所引起的。绝大多数患者表现为胃肠炎的症状，如恶心、呕吐、腹痛、腹泻、排水样便等。腹泻一天数次到数十次不等，多数是稀水样便，个别人可有黏液血便、血水样便等，极少数患者可以发生败血症。

③细菌性食物中毒的预防。

a. 防止食品污染。加强对污染源的管理，做好牲畜屠宰前后的卫生检验，防止感染；对海鲜类食品应加强管理，防止污染其他食品；要严防食品加工、贮存、运输、销售过程中被病原体污染；食品容器、刀具等应严格生熟分开使用，做好消毒工作，防止交叉污染；生产场所、厨房、食堂等要有防蝇、防鼠设备；严格遵守饮食行业和炊事人员的个人卫生制度；患化脓性病症和上呼吸道感染的患者，在治愈前不应参加接触食品的工作。

b. 控制病原体繁殖及外毒素的形成。食品应低温保存或放在阴凉通风处，食品中加盐量达 10%也可有效控制细菌繁殖及毒素形成。

c. 彻底加热杀灭细菌及破坏毒素。这是防止食物中毒的重要措施，要彻底杀灭肉中的病原体，肉块不应太大，加热时其内部温度可以达到 80℃，这样持续 12min 就可将细菌杀死。

d. 凡是食品在加工和保存过程中有厌氧环境存在，均应防止肉毒杆菌的污染，过期罐头——特别是产气罐头（其盖鼓起）均勿食用。

(4)病毒性肝炎。

①病毒性肝炎的类型。病毒性肝炎是由多种肝炎病毒引起的，以肝脏损害为主的一组全身性传染病。按病原体分类，目前已确定的有甲型肝炎、乙型肝炎、丙型肝炎、丁型肝炎、戊型肝炎。通过实验诊断排除上述类型的肝炎者，称为“非甲—戊型肝炎”。

②病毒性肝炎的传染源。

a. 甲型肝炎无病毒携带状态，传染源为急性期患者和隐性感染者。粪便排毒期在起病前 2 周至血清转氨酶高峰期后 1 周，少数患者延长至病后 30 天。

b. 乙型肝炎属于常见传染病，可通过母婴、血液和体液传播。传染源主要是急、慢性乙型肝炎患者和病毒携带者。急性患者在潜伏期末及急性期有传染性，但不超过 6 个月。慢性患者和病毒携带者作为传染源预防的意义重大。

c. 丙型肝炎的传染源是急、慢性患者和无症状病毒携带者。

d. 丁型肝炎的传染源与乙型肝炎相似。

e. 戊型肝炎的传染源与甲型肝炎相似。

③病毒性肝炎的症状。

a. 疲乏无力、懒动、下肢酸困不适，稍加活动则难以支持。

b. 食欲不振、食欲减退、厌油、恶心、呕吐及腹胀，往往食后加重。

c. 部分病人尿黄、尿色如浓茶，大便色淡或灰白，腹泻或便秘。

d. 右上腹部有持续性腹痛，个别病人可呈针刺样或牵拉样疼痛，于活动、久坐后加重，卧床休息后可缓解，右侧卧时加重，左侧卧时减轻。

e. 医生检查可有肝脏肿大、压痛、肝区叩击痛、肝功能损害，部分病例出现发热及黄疸表现。

f. 血清谷丙转氨酶及血中总胆红素升高有助于诊断，也可进一步做血清免疫学检查及明确肝炎类型。

④病毒性肝炎的预防。病毒性肝炎预防应采取以切断传播途径为重点的综合性措施。

对甲型、戊型肝炎，重点抓好水源保护、饮水消毒、食品加工、粪便管理等，切断粪—口途径传播，注意个人卫生，饭前、便后洗手，不喝生水，生吃瓜果要洗净。对于急性病如甲型和戊型肝炎病人接触的易感人群，应注射人血丙种球蛋白，注射时间越早越好。

对乙型、丙型和丁型肝炎，重点在于防止通过血液和体液的传播，各种医疗及预防注射，应实行一人一针一管，对带血清的污染物应严格消毒，对血液和血液制品应严格检测。对学龄前儿童和密切接触者，应接种乙肝疫苗；乙肝疫苗和乙肝免疫球蛋白联合应用可有效地阻断母婴传播；医务人员在工作中因医疗意外或医疗操作不慎感染乙肝病毒，应立即注射免疫球蛋白。

2. 职业病的预防和治疗

(1)职业病定义。

所谓职业病,是指企业、事业单位和个体经济组织的劳动者在职业活动中,因接触粉尘、放射性物质和其他有毒、有害物质等因素而引起的疾病。对于患职业病的,我国法律规定,应属于工伤,享受工伤待遇。

(2)建筑企业常见的职业病。

①接触各种粉尘引起的尘肺病。

②电焊工尘肺、眼病。

③直接操作振动机械引起的手臂振动病。

④油漆工、粉刷工接触有机材料散发的不良气体引起的中毒。

⑤接触噪声引起的职业性耳聋。

⑥长期超时、超强度地工作,精神长期过度紧张造成相应职业病。

⑦高温中暑等。

(3)职业病鉴定与保障。

劳动者如果怀疑所得的疾病为职业病,应当及时到当地卫生部门批准的职业病诊断机构进行职业病诊断。对诊断结论有异议的,可以在 30 日内到市级卫生行政部门申请职业病诊断鉴定,鉴定后仍有异议的,可以在 15 日内到省级卫生行政部门申请再鉴定。被诊断、鉴定为职业病,所在单位应当自被诊断、鉴定为职业病之日起 30 日内,向统筹地区劳动保障行政部门提出工伤认定申请。

提示:劳动者日常需要注意收集与职业病相关的材料。

(4)职业病的诊断。

根据《中华人民共和国职业病防治法》(以下简称《职业病防治法》)和《职业病诊断与鉴定管理办法》的有关规定，具体程序为：

①职业病诊断应当由省级以上人民政府卫生行政部门批准的医疗卫生机构承担，劳动者可以在用人单位所在地或者本人居住地依法承担职业病诊断的医疗卫生机构进行职业病诊断。

②当事人申请职业病诊断时应当提供以下材料：

a. 职业史、既往史。

b. 职业健康监护档案复印件。

c. 职业健康检查结果。

d. 工作场所历年职业病危害因素检测、评价资料。

e. 诊断机构要求提供的其他必需的有关材料。

③职业病诊断应当依据职业病诊断标准，结合职业病危害接触史、工作场所职业病危害因素检测与评价、临床表现和医学检查结果等资料，综合做出分析。

④职业病诊断机构在进行职业病诊断时，应当组织三名以上取得职业病诊断资格的执业医师进行集体诊断。

⑤职业病诊断机构做出职业病诊断后，应当向当事人出具职业病诊断证明书。职业病诊断证明书应当明确是否患有职业病，对患有职业病的，还应当载明所患职业病的名称、程度(期别)、处理意见和复查时间。

⑥当事人对职业病诊断有异议的，在接到职业病诊断证明书之日起 30 日内，可以向做出诊断的医疗卫生机构所在地的市级卫生行政部门申请鉴定。

⑦当事人申请职业病诊断鉴定时，应当提供以下材料：

a. 职业病诊断鉴定申请书。

b. 职业病诊断证明书。

c.其他有关资料。职业病诊断鉴定办事机构应当自收到申请资料之日起10日内完成材料审核，对材料齐全的发给受理通知书；材料不全的，通知当事人补充。职业病诊断鉴定办事机构应当在受理鉴定之日起60日内组织鉴定。

⑧鉴定委员会应当认真审查当事人提供的材料，必要时可听取当事人的陈述和申辩，对被鉴定人进行医学检查，对被鉴定人的工作场所进行现场调查取证。

⑨职业病诊断鉴定书应当包括以下内容：

a.劳动者、用人单位的基本情况及鉴定事由。

b.参加鉴定的专家情况。

c.鉴定结论及其依据，如果为职业病，应当注明职业病名称、程度（期别）。

d.鉴定时间。职业病诊断鉴定书应当于鉴定结束之日起20日内由职业病诊断鉴定办事机构发送给当事人。

（5）劳动者有权利拒绝从事容易发生职业病的工作。

劳动者依法享有保持自己身体健康的权利，因此，对于是否选择从事存在职业病危害的工作，应当由劳动者依照其自己的意愿决定。而要使劳动者能够自行决定是否选择从事该工作，就应当保证劳动者对相关工作内容以及其可能带来的危害有一定的了解。正因为如此，《职业病防治法》规定："用人单位与劳动者订立劳动合同（含聘用合同，下同）时，应当将工作过程中可能产生的职业病危害及其后果、职业病防护措施和待遇等如实告知劳动者，并在劳动合同中写明，不得隐瞒或者欺骗。""劳动者在已订立劳动合同期间因工作岗位或者工作内容变更，从事与所订立劳动合同中未告知的存在职业病危害的作业时，用人单位应当依照前款规定，向劳动者履行如实告知的义务，并协商变更原劳动合同相关条款。""用人单位违反前两款规定的，劳动者有权拒绝从事存在职业病危害的作业，用人单位不得因此解除或者终止与劳动者所订立的劳动合同。”

另外，根据《职业病防治法》的规定，用人单位违反本规定，订立或者变更劳动合同时，未告知劳动者职业病危害真实情况的，由卫生行政部门责令限期改正，给予警告，可以并处 2 万元以上 5 万元以下的罚款。

根据前述规定，如果用人单位没有将工作过程中可能产生的职业病危害及其后果、职业病防护措施和待遇等如实告知劳动者，并在劳动合同中写明，那么劳动者就有权利拒绝从事存在职业病危害的作业，并且用人单位不得因劳动者拒绝从事该作业而解除或者终止劳动者的劳动合同。

(6)患职业病的劳动者有权获得相应的保障。

①患职业病的劳动者有权利获得职业保障。《中华人民共和国劳动合同法》规定，用人单位以下情形不得解除劳动合同：

a. 患职业病或者因工负伤并确认丧失或者部分丧失劳动能力的。

b. 患病或者负伤，在规定的医疗期内的。职业病病人依法享受国家规定的职业病待遇，用人单位对不适宜继续从事原工作的职业病病人，应当调离原岗位，并妥善安置。

②患职业病的劳动者有权利获得医疗保障。《职业病防治法》规定：“职业病病人依法享受国家规定的职业病待遇。用人单位应当按照国家有关规定，安排职业病病人进行治疗、康复和定期检查。”

③患职业病的劳动者有权利获得生活保障。《职业病防治法》规定：“劳动者被诊断患有职业病，但用人单位没有依法参加工伤社会保险的，其医疗和生活保障由最后的用人单位承担。”

④患职业病的劳动者有权利依法获得赔偿。职业病病人除依法享有工伤社会保险外，依照有关民事法律，尚有获得赔偿的权利的，有权向用人单位提出赔偿要求。

(7)职工患职业病后的一次性处理规定。

职工患病后，应当先行治疗，然后进行职业病的诊断和鉴定。如果职工按照《职业病防治法》规定被诊断、鉴定为职业病，必须向劳动保障行政部门提出工伤认定申请，由劳动保障行政部门做出工伤认定。如果职工经治疗伤情相对稳定后存在残疾、影响劳动能力的，还应当进行劳动能力鉴定。最后职工才可按照《工伤保险条例》规定的标准享受工伤保险待遇。

以上程序是职工患职业病后享受工伤待遇所必需的，是切实保障职工合法权益的基础。但在实际生活中，一些用人单位和职工由于不懂工伤法律或者怕麻烦、图省事，在职工患病后就直接约定进行一次性工伤补助，这种做法是不可取的。当然，如果工伤职工愿意，待治愈或病情稳定做出工伤伤残等级鉴定后，可参照有关工伤的规定依法与企业达成一次性领取工伤待遇的相关协议。

(8)治疗职业病的有关费用支付。

首先应当明确的是，检查、治疗、诊断职业病的，劳动者本人不承担相关费用。这些费用依照规定，应当由用人单位负担或者从工伤保险基金中支付。

①职业健康检查费用由用人单位承担。

②救治急性职业病危害的劳动者，或者进行健康检查和医学观察，所需费用由用人单位承担。

③职业病诊断鉴定费用由用人单位承担。

④因职业病进行劳动能力鉴定的，鉴定费从工伤保险基金中支付。

⑤因职业病需要治疗的，相关费用按照工伤的规定处理。

还需要说明的是，不管是职业病还是其他原因发生的工伤，都必须进行彻底的治疗，相关的费用不管花了多少，都应当依法予以报销，即“工伤索赔上不封顶”。

（9）劳动者在职业病防治中须承担的义务。

①认真接受用人单位的职业卫生培训，努力学习和掌握必要的职业卫生知识。

②遵守职业卫生法规、制度、操作规程。

③正确使用与维护职业危害防护设备及个人防护用品。

④及时报告事故隐患。

⑤积极配合上岗前、在岗期间和离岗时的职业健康检查。

⑥如实提供职业病诊断、鉴定所需的有关资料等。

重点：熟知职业安全卫生警示标志，禁止不安全的操作行为，正确使用个人防护用品。

（10）建筑企业常见职业病及预防控制措施。

①接触各种粉尘引起的尘肺病预防控制措施。

作业场所防护措施：加强水泥等易扬尘的材料的存放处、使用处的扬尘防护，任何人不得随意拆除，在易扬尘部位设置警示标志。

个人防护措施：落实相关岗位的持证上岗，给施工作业人员提供扬尘防护口罩，杜绝施工操作人员的超时工作。

②电焊工尘肺、眼病的预防控制措施。

作业场所防护措施：为电焊工提供通风良好的操作空间。

个人防护措施：电焊工必须持证上岗，作业时佩戴有害气体防护口罩、眼睛防护罩，杜绝违章作业，采取轮流作业，杜绝施工操作人员的超时工作。

③直接操作振动机械引起的手臂振动病的预防控制措施。

作业场所防护措施：在作业区设置预防职业病警示标志。

个人防护措施：机械操作工要持证上岗，提供振动机械防护手套，延长换班休息时间，杜绝作业人员的超时工作。

④油漆工、粉刷工接触有机材料散发不良气体引起的中毒预防控制措施。

作业场所防护措施：加强作业区的通风排气措施。

个人防护措施：相关工种持证上岗，给作业人员提供防护口罩，轮流作业，杜绝作业人员的超时工作。

⑤接触噪声引起的职业性耳聋的预防控制措施。

作业场所防护措施：在作业区设置防职业病警示标志，对噪声大的机械加强日常保养和维护，减少噪声污染。

个人防护措施：为施工操作人员提供劳动防护耳塞轮流作业，杜绝施工操作人员的超时工作。

⑥长期超时、超强度地工作，精神长期过度紧张所造成相应职业病的预防控制措施。

作业场所防护措施：提高机械化施工程度，减小工人劳动强度，为职工提供良好的生活、休息、娱乐场所，加强施工现场文明施工。

个人防护措施：不盲目抢工期，即使抢工期也必须安排充足的人员能够按时换班作业，采取 8h 作业换班制度，及时发放工人工资，稳定工人情绪。

⑦高温中暑的预防控制措施。

作业场所防护措施：在高温期间，为职工备足饮用水或绿豆汤、防中暑药品、器材。

个人防护措施：减少工人工作时间，尤其是延长中午休息时间。

提示：工作场所自觉做好个人安全防护。

四、工地施工现场急救知识

施工现场急救基本常识主要包括应急救援基本常识、触电急救知识、创伤救护知识、火灾急救知识、中毒及中暑急救知识以及传染病急救措施等，了解并掌握这些现场急救基本常识，是做好安全工作的一项重要内容。

1.应急救援基本常识

(1)施工企业应建立企业级重大事故应急救援体系，以及重大事故救援预案。

(2)施工项目应建立项目重大事故应急救援体系，以及重大事故救援预案；在实行施工总承包时，应以总承包单位事故预案为主，各分包队伍也应有各自的事故救援预案。

(3)重大事故的应急救援人员应经过专门的培训，事故的应急救援必须有组织、有计划地进行；严禁在未清楚事故情况下，盲目救援，以免造成更大的伤害。

(4)事故应急救援的基本任务：

①立即组织营救受害人员，组织撤离或者采取其他措施保护危害区域内的其他人员。

②迅速控制事态，并对事故造成的危害进行检测、监测，测定事故的危害区域、危害性质及危害程度。

③消除危害后果，做好现场恢复。

④查清事故原因，评估危害程度。

2.触电急救知识

触电者的生命能否获救，在绝大多数情况下取决于能否迅速脱离电源和正确地实行人工呼吸和心脏按摩。拖延时间、动作迟缓或救护不当，都可能造成人员伤亡。

(1)脱离电源的方法。

①发生触电事故时，附近有电源开关和电流插销的，可立即将电源开关断开或拔出插销；但普通开关（如拉线开关、单极按钮开关等）只能断一根线，有时不一定关断的是相线，所以不能认为是切断了电源。

②当有电的电线触及人体引起触电，不能采用其他方法脱离电源时，可用绝缘的物体（如干燥的木棒、竹竿、绝缘手套等）将电线移开，使人体脱离电源。

③必要时可用绝缘工具（如带绝缘柄的电工钳、木柄斧头等）切断电线，以切断电源。

④应防止人体脱离电源后造成的二次伤害，如高处坠落、摔伤等。

⑤对于高压触电，应立即通知有关部门停电。

⑥高压断电时，应戴上绝缘手套，穿上绝缘鞋，用相应电压等级的绝缘工具切断开关。

(2)紧急救护基本常识。

根据触电者的情况，进行简单的诊断，并分别处理：

①病人神志清醒，但感到乏力、头昏、心悸、出冷汗，甚至有恶心或呕吐症状。此类病人应使其就地安静休息，减轻心脏负担，加快恢复；情况严重时，应立即小心送往医院检查治疗。

②病人呼吸、心跳尚存在，但神志昏迷。此时，应将病人仰卧，周围空气要流通，并注意保暖；除了要严密观察外，还要做好人工呼吸和心脏挤压的准备工作。

③如经检查发现，病人处于“假死”状态，则应立即针对不同类型的“假死”进行对症处理：如果呼吸停止，应用口对口的人工呼吸法来维持气体交换；如心脏停止跳动，应用体外人工心脏挤

压法来维持血液循环。

a. 口对口人工呼吸法：病人仰卧、松开衣物──→清理病人口腔阻塞物──→病人鼻孔朝天、头后仰──→捏住病人鼻子贴嘴吹气──→放开嘴鼻换气，如此反复进行，每分钟吹气 12 次，即每 5s 吹气 1 次。

b. 体外心脏挤压法：病人仰卧硬板上──→抢救者用手掌对病人胸口凹膛──→掌根用力向下压──→慢慢向下──→突然放开，连续操作，每分钟进行 60 次，即每秒一次。

c. 有时病人心跳、呼吸停止，而急救者只有一人时，必须同时进行口对口人工呼吸和体外心脏挤压，此时，可先吹两次气，立即进行挤压 15 次，然后再吹两次气，再挤压，反复交替进行。

3. 创伤救护知识

创伤分为开放性创伤和闭合性创伤。开放性创伤是指皮肤或黏膜的破损，常见的有：擦伤、切割伤、撕裂伤、刺伤、撕脱、烧伤；闭合性创伤是指人体内部组织损伤，而皮肤黏膜没有破损，常见的有：挫伤、挤压伤。

（1）开放性创伤的处理。

①对伤口进行清洗消毒可用生理盐水和酒精棉球，将伤口和周围皮肤上沾染的泥沙、污物等清理干净，并用干净的纱布吸收水分及渗血，再用酒精等药物进行初步消毒。在没有消毒条件的情况下，可用清洁水冲洗伤口，最好用流动的自来水冲洗，然后用干净的布或敷料吸干伤口。

②止血。对于出血不止的伤口，能否做到及时有效地止血，对伤员的生命安危影响较大。在现场处理时，应根据出血类型和部位不同采用不同的止血方法：直接压迫──将手掌通过敷

料直接加压在身体表面的开放性伤口的整个区域；抬高肢体——对于手、臂、腿部严重出血的开放性伤口都应抬高，使受伤肢体高于心脏水平线；压迫供血动脉——手臂和腿部伤口的严重出血，如果应用直接压迫和抬高肢体仍不能止血，就需要采用压迫点止血技术；包扎——使用绷带、毛巾、布块等材料压迫止血，保护伤口，减轻疼痛。

③烧伤的急救。应先去除烧伤源，将伤员尽快转移到空气流通的地方，用较干净的衣服把伤面包裹起来，防止再次污染；在现场，除了化学烧伤可用大量流动清水冲洗外，对创面一般不做处理，尽量不弄破水泡，保护表皮。

(2)闭合性创伤的处理。

①较轻的闭合性创伤，如局部挫伤、皮下出血，可在受伤部位进行冷敷，以防止组织继续肿胀，减少皮下出血。

②如发现人员从高处坠落或摔伤等意外时，要仔细检查其头部、颈部、胸部、腹部、四肢、背部和脊椎，看看是否有肿胀、青紫、局部压疼、骨摩擦声等其他内部损伤。假如出现上述情况，不能对患者随意搬动，需按照正确的搬运方法进行搬运；否则，可能造成患者神经、血管损伤并加重病情。

现场常用的搬运方法有：担架搬运法——用担架搬运时，要使伤员头部向后，以便后面抬担架的人可随时观察其变化；单人徒手搬运法——轻伤者可扶着走，重伤者可让其伏在急救者背上，双手绕颈交叉垂下，急救者用双手自伤员大腿下抱住伤员大腿。

③如怀疑有内伤，应尽早使伤员得到医疗处理；运送伤员时要采取卧位，小心搬运，注意保持呼吸道畅通，注意防止休克。

④运送过程中，如突然出现呼吸、心跳骤停时，应立即进行

人工呼吸和体外心脏挤压法等急救措施。

4. 火灾急救知识

一般地说，起火要有三个条件，即可燃物（木材、汽油等）、助燃物（氧气等）和点火源（明火、烟火、电焊花等）。扑灭初起火灾的一切措施，都是为了破坏已经产生的燃烧条件。

（1）火灾急救的基本要点。

施工现场应有经过训练的义务消防队，发生火灾时，应由义务消防队急救，其他人员应迅速撤离。

①及时报警，组织扑救。全体员工在任何时间、地点，一旦发现起火都要立即报警，并在确保安全前提下参与和组织群众扑灭火灾。

②集中力量，主要利用灭火器材，控制火势，集中灭火力量在火势蔓延的主要方向进行扑救，以控制火势蔓延。

③消灭飞火，组织人力监视火场周围的建筑物、露天物资堆放场所的未尽飞火，并及时扑灭。

④疏散物资，安排人力和设备，将受到火势威胁的物资转移到安全地带，阻止火势蔓延。

⑤积极抢救被困人员。人员集中的场所发生火灾，要有熟悉情况的人做向导，积极寻找和抢救被困的人员。

（2）火灾急救的基本方法。

①先控制，后消灭。对于不可能立即扑灭的火灾，要先控制火势，具备灭火条件时再展开全面进攻，一举消灭。

②救人重于救火。灭火的目的是为了打开救人通道，使被困的人员得到救援。

③先重点，后一般。重要物资和一般物资相比，先保护和抢救重要物资；火势蔓延猛烈方面和其他方面相比，控制火势蔓延

的方面是重点。

④正确使用灭火器材。水是最常用的灭火剂，取用方便，资源丰富，但要注意水不能用于扑救带电设备的火灾。各种灭火器的用途和使用方法如下：

酸碱灭火器：倒过来稍加摇动或打开开关，药剂喷出。适用于扑救油类火灾。

泡沫灭火器：把灭火器筒身倒过来，打开保险销，把喷管口对准火源，拉出拉环，即可喷出。适合于扑救木材、棉花、纸张等火灾，不能扑救电气、油类火灾。

二氧化碳灭火器：一手拿好喇叭筒对准火源，另一手打开开关既可。适合于扑救贵重仪器和设备，不能扑救金属钾、钠、镁、铝等物质的火灾。

干粉灭火器：打开保险销，把喷管口对准火源，拉出拉环，即可喷出。适用于扑救石油产品、油漆、有机溶剂和电气设备等火灾。

⑤人员撤离火场途中被浓烟围困时，应采取低姿势行走或匍匐穿过浓烟，有条件时可用湿毛巾等捂住嘴鼻，以便顺利撤出烟雾区；如无法进行逃生，可向建筑物外伸出衣物或抛出小物件，发出求救信号引起注意。

⑥进行物资疏散时应将参加疏散的员工编成组，指定负责人首先疏散通道，其次疏散物资，疏散的物资应堆放在上风向的安全地带，不得堵塞通道，并要派人看护。

5. 中毒及中暑急救知识

施工现场发生的中毒主要有食物中毒、燃气中毒及毒气中毒；中暑是指人员因处于高温高热的环境而引起的疾病。

(1)食物中毒的救护。

①发现饭后有多人呕吐、腹泻等不正常症状时，尽量让病人大量饮水，刺激喉部使其呕吐。

②立即将病人送往就近医院或打120急救电话。

③及时报告工地负责人和当地卫生防疫部门，并保留剩余食品以备检验。

(2)燃气中毒的救护。

①发现有人煤气中毒时，要迅速打开门窗，使空气流通。

②将中毒者转移到室外实行现场急救。

③立即拨打120急救电话或将中毒者送往就近医院。

④及时报告有关负责人。

(3)毒气中毒的救护。

①在井(地)下施工中有人发生毒气中毒时，井(地)上人员绝对不要盲目下去救助；必须先向出事点送风，救助人员装备齐全安全保护用具，才能下去救人。

②立即报告工地负责人及有关部门，现场不具备抢救条件时，应及时拨打110或120电话求救。

(4)中暑的救护。

①迅速转移。将中暑者迅速转移至阴凉通风的地方，解开衣服，脱掉鞋子，让其平卧，头部不要垫高。

②降温。用凉水或50%酒精擦其全身，直到皮肤发红、血管扩张以促进散热。

③补充水分和无机盐类。能饮水的患者应鼓励其喝足量盐开水或其他饮料，不能饮水者，应予静脉补液。

④及时处理呼吸、循环衰竭。呼吸衰竭时，可注射尼可刹明或山梗茶硷；循环衰竭时，可注射鲁明那钠等镇静药。

⑤医疗条件不完善时，应对患者严密观察，精心护理，送往附近医院进行抢救。

6. 传染病急救措施

由于施工现场的人员较多，如果控制不当，容易造成集体感染传染病。因此需要采取正确的措施加以处理，防止大面积人员感染传染病。

(1)如发现员工有集体发烧、咳嗽等不良症状，应立即报告现场负责人和有关主管部门，对患者进行隔离加以控制，同时启动应急救援方案。

(2)立即把患者送往医院进行诊治，陪同人员必须做好防护隔离措施。

(3)对可能出现病因的场所进行隔离、消毒，严格控制疾病的再次传播。

(4)加强现场员工的教育和管理，落实各级责任制，严格履行员工进出现场登记手续，做好病情的监测工作。

参 考 文 献

[1] 中华人民共和国住房和城乡建设部. 通风与空调工程施工质量验收规范(GB 50243—2002)[S]. 北京：中国计划出版社，2009.

[2] 建设部干部学院. 通风工. [M]. 武汉：华中科技大学出版社，2009.

[3] 建设部人事教育司. 通风工[M]. 北京：中国建筑工业出版社，2006.

[4] 中华人民共和国住房和城乡建设部. 通风与空调工程施工规范(GB 50738—2011)[S]. 北京：中国建筑工业出版社，2011.

[5] 中华人民共和国住房和城乡建设部. 通风管道技术规程(JGJ 141—2004)[S]. 北京：中国建筑工业出版社，2004.

[6] 中华人民共和国住房和城乡建设部. 压缩机、风机、泵安装工程施工及验收规范(GB 50275—2010)[S]. 北京：中国计划出版社，2010.

[7] 中华人民共和国住房和城乡建设部. 建筑施工安全技术统一规范(GB 50870—2013)[S]. 北京：中国建筑工业出版社，2014.